U0113486

你一所谓的平淡安稳，不过是平庸无为

马一帅◎著

和我聊聊天

正视住在每个人躯体里的虚荣心、好胜心和不甘心！

台海出版社

图书在版编目(CIP)数据

你所谓的平淡安稳,不过是平庸无为 / 马一帅著. —北京:
台海出版社,2016.8

ISBN 978-7-5168-0992-1

Ⅰ.①你… Ⅱ.①马… Ⅲ.①成功心理–通俗读物
Ⅳ.①B848.4–49

中国版本图书馆 CIP 数据核字(2016)第 227937 号

你所谓的平淡安稳,不过是平庸无为

著 者:马一帅

责任编辑:俞滟荣

装帧设计:芒 果   版式设计:通联图文

责任校对:吕彩云   责任印制:蔡 旭

出版发行:台海出版社

地 址:北京市朝阳区劲松南路 1 号   邮政编码:100021

电 话:010-64041652(发行,邮购)

传 真:010-84045799(总编室)

网 址:www.taimeng.org.cn/thcbs/default.htm

E-mail:thcbs@126.com

经 销:全国各地新华书店

印 刷:北京高岭印刷有限公司

本书如有破损、缺页、装订错误,请与本社联系调换

开 本:880mm×1230 mm   1/32

字 数:170 千字   印 张:9

版 次:2016 年 11 月第 1 版   印 次:2016 年 11 月第 1 次印刷

书 号:ISBN 978-7-5168-0992-1

定 价:36.00 元

前言 preface

1

世界是无情的,它不会因为你想要什么就给你什么,也不会因为你迷茫、彷徨、孤独就对你格外开恩;世界又是仁慈的,它给了每个人雄厚而公平的资本。

这资本,就是每个人都正拥有或曾拥有的年轻。只要你不虚度年华,只要你不辜负时光。这年轻,便足以让你赢取你所渴望的未来。

但,为什么,我们总是谈太多生存和梦想,谈太少生活?

你可知道,让我们作出选择的,往往是心底最隐秘的欲望——

那就是,永远地盛装以待,自我修炼,最终成为女王或者国王。

为什么不能正视住在每个人躯体里的虚荣心、好胜心和不甘心,并且足够勇敢地和人生真相短兵相接?

2

当然，这样的生活，要靠我们咬着嘴唇去坚持——是愿意为自己活得好看一点，付出常人几倍的努力，还是湮没在人海？

或者出众，或者出局。你的选择决定你的人生。

是留在大城市孤身打拼，还是回老家找一份安逸稳定的工作？

是继续坚持对感情不将就，还是找个差不多的人结婚过日子？

是找到自己感兴趣的工作再上班，还是先随便找家公司做起来？

是放手一搏寻找人生更多的可能性，还是守着差强人意的现状？

......

成长和生活中总有着太多的"差不多"和"算了吧"。然而你所谓的稳定，其实只是假象，不要在该奋斗的年纪选择了安逸。

很多事情，在走过以后回头看，其实并没有当初想象中那么艰难。很多时候，其实只要再坚持一小步，就能得到你想要的结果。很多机遇，也只有在你去做的时候才会到来。

作者搜寻心底积攒了一整个青春的激情和勇气，挖出无法被排遣，也拒绝被遗忘的年少心事，写下属于我们每个人的情爱、江湖、青春与生活。写下这些汹涌澎湃的秘密，正视我们心底生机勃勃的欲望，在忐忑的生存和高蹈的梦想间寻找一种饱满的、酣畅淋漓的生活。

3

本书用清醒冷静的文字,揭开那些你为自己找的借口,揭穿那些隐藏在庸常生活背后的真相,让人在侥幸逃离时、蒙混过关时、一时怯懦错失时,被意志和希望重新拉回到一条更值得坚持下去的路上——

要么出众,要么出局,没人能独善其身。

人这一生,出众是暂时的,所以出众者,要保持清醒和冷静。

那,万一出局了怎么办? 可怕的不是出局,而是你丧失了出众的心。

天道酬勤,命运一定眷顾未丧失追求之心的人。

contents 目 录

第三章　当你的努力还改变不了你的世界时　　　49

　　我不想为不公平、不合理的社会现象去开脱。我只想告诉青年朋友们,当你的才华还撑不起你的梦想时,你我都必须正视这个现实,必须抛弃幻想! 请记住,尽管成事在天,毕竟还有谋事在人。

第四章　本来可以靠本事的,你非要靠脸　　　76

　　实际上,每个人都有自己的优势,同样地也不可避免地有自己的不足, 但是这并不能够成为我们失意的借口。正如美国前总统罗斯福的夫人艾莉诺·罗斯福所说:"没有你的同意,谁都无法自卑。"

第五章 **你是想交酒肉朋友,还是想实现自我价值** **107**

　　从不如自己的人当中,显然是学不到什么的,它会让你丧失掉前进的动力,看不到自己与优秀之人的差距,成为一只坐井观天的青蛙。

　　我们对自我的认同源自于我们和他人的互动。究竟我们是聪明的还是迟钝的,动人的还是丑陋的,精明的还是笨拙的,这些问题的答案并不会从镜子中照出来,而是由他人对我们的回应决定的。

　　所以,如你不会沟通,你就等着负分出局吧。

　　著名的作家阿尔伯特·哈伯德曾经说过:"每个雇主总是在不断地寻找能够助自己一臂之力的人,同时也在抛弃那些不起作用、不能适应公司文化的人——那些到哪个岗位都无法发挥作用的人,迟早都会被淘汰。"

第八章 即使是500强的员工,也会有跳槽的想法 191

正确的跳槽应该是人生的一次华丽转身,而不是让职场积累的能量减少、归零,甚至成为负数,更不是让自己在跳槽中越跳越迷茫,越跳越杂乱无章,甚至是毁了自己。

第九章 所有为现实让路的,都不是出众的梦想 216

如果失败永远无法逃避,还有什么比过程更重要呢?生活总会给你眷顾的眼睛。只要你托起这块叫坚持的巨石,记得,所有为现实让路的,都算不上出众的梦想!

第十章　你所谓的稳定,不过是被出局　　246

我们常常在考虑青春是什么,却不知道青春在我们考虑的时候就偷偷溜走了。我们常常在顾虑梦想是什么,却不知道现在不去追梦这辈子就再也没机会了!

第一章

内心虚胖的人,需要停下来思考

近来,网上流传起A4纸腰,用一张竖着的A4纸覆盖在背部,没有多余赘肉露出,便是标准A4纸腰了。众所周知,A4纸的规格是21cm×29.7cm,所以腰的宽度小于21cm,都可以称为A4腰了。它象征着健康、美丽。现代人喜欢苗条的身材,追求的生活不仅是衣食无忧,还有健康。

从唐朝仕女画中雍容华贵的形象,到今天流行的A4纸腰,代表着社会对审美的变化。现代人的饮食条件日趋丰富,高脂肪、高蛋白是美味食物的共性,几乎吃货的最终命运就是加大腰围。再看幼儿园和小学,越来越多的小胖墩出现在课堂上,他们圆圆滚滚很可爱,但是小小年纪却落下了不少毛病,由于体重超重,他们的骨骼负担很大,小小年纪有得关节炎的;由于饮食不健康,小学生就有得糖尿病的。所以,苗条是一种美,代表着健康和活力。

事实上,胖不是丑,只要匀称,也能让人觉得看着亲切。不知是不是心理上的原因,我总觉得,胖的人特别有耐心,和蔼可亲。

如果真的有一种胖让我不太能接受的话,我想就是虚胖。虚胖是亚健康所表现的人体状态之一,是常见的病症。你是否喝醉过酒,或者见人喝醉过?宿醉后起来,两个腮帮子浮肿,眼皮无力地耷拉着,说话时表情被浮肿掩盖,似乎没有生气。这种就是虚胖。当然,如果是皮下脂肪堆积过厚的虚胖,就像《瘦身男女》中的刘德华和郑秀文,那实在有些恐怖了。

人的身体因为亚健康会虚胖,人们的心理也因为不健康而出现虚胖。心理虚胖的人,总是心浮气傲,无法正确地看待自己,从而使自己失去准确的定位,妄自尊大,认为自己无所不能。这时候,心理的虚胖也需要减肥。

1.不好意思,你想得太多了

现代人的虚胖心理来源于快节奏的生活。人们吃的是快餐,购物是快递,出行是高铁,连谈个恋爱也是速配。我在上海人民广场亲眼看到爹妈摆摊,帮助子女来相亲的壮观场面。若不是亲眼见到,我一定以为是天方夜谭。这些白领、金领忙得停下来寻找一个爱人的时间都没有。我不禁在想,这么忙的人是否真能把工作做得有条不紊,他们将来能静下心来爱护自己的家庭吗?

《菜根谭》上说:"万事皆缘,随遇而安。"人生的自得与悠然欢喜全靠这"随缘"的心境。佛家有云:"随遇而安,随缘生活;随心自在,随喜而作。若能一切随他去,便是世间自在人。"要做世间自在人,就要先从内心做起,内心不受到拘束,也不受到干扰才行。

"随遇而安,随喜而作"的人生态度不仅是一种洒脱,更是一种境界。如果我们都能够有一种无牵无挂、无忧无虑、知足豁达的人生态度,一份淡泊宽大的心境,那么无论我们身在何处,都能够找到属于自己的生活。

台湾作家林新居的作品《就是这样吗?》中有这样一个故事。

一对夫妇,在住处的附近开了一家食品店,家里有一个漂亮的女儿。无意间,夫妇俩发现女儿的肚子无缘无故地大起来。这种见不得人的事,使得她的父母震怒异常!在父母的一再逼问下。她终于吞吞吐吐地说出"白隐"两字。白隐是当地的一位禅师。

她的父母怒不可遏地去找白隐理论,但这位大师不置可否,只若无其事地答道:"就是这样吗?"孩子生下来后,就被送给白隐。此时,他的名誉虽已扫地,但他并不以为然,只是非常细心地照顾孩子,他向邻居乞求婴儿所需的奶水和其他用品,虽不免横遭白眼,或是冷嘲热讽,他总是处之泰然,仿佛他是受托抚养别人的孩子一般。

事隔一年后,这位没有结婚的妈妈,终于不忍心再欺瞒下去了。她老老实实地向父母吐露真情:孩子的生父是在鱼市工作的一名青年。

她的父母立即将她带到白隐那里,向他道歉,请他原谅,并将孩子带回。

白隐仍然是淡然如水,他只是在交回孩子的时候,轻声说道:"就是这样吗?"仿佛不曾发生过什么事。即使有,也只像微风吹过耳畔,霎时即逝!

白隐为了给邻居的女儿以生存的机会和空间,代人受过,牺牲了为自己洗刷清白的机会,受到人们的冷嘲热讽。但是他始终处之泰然,"就是这样吗?"这平平淡淡的一句话,就是他强大内心的朴实描绘。

抗战时期,梁实秋迁居重庆乡下,在山腰买了一栋平房。这间房完全是"陋室"的模样:有窗而无玻璃,风来则洞若凉亭,有瓦而空隙不少,雨来则渗如滴漏,附近有高粱地,有竹林,有水池,有粪坑。就是这样的地方,却被梁实秋起了个名字叫"雅舍",而梁先生则在此一住七年。梁实秋深知此中苦乐滋味,在此间写下了风动一时的《雅舍小品》。

人因为执着的东西太多,所以得到的烦恼也更多。不能抛舍的东西太多,所以导致人生很累、很苦,总是提心吊胆,患得患失。太多的人在面对一些状况的时候不肯接受,比如工作的升迁或者降职,总是不能随遇而安,反而把这样的事情堵在心里,不得解脱。久而久之,生活就会变得越来越沉重。

有一座宋代的寺庙,门上贴着一副对联:"得一日粮斋,且过一日。有几天缘分,便住几天。"这是一种万事随缘的心境,不会被外物所累,"有粮多吃,无粮少吃"并不是要我们万事消极,而是说在没有粮的情况下不要哀叹粮食不足,而要享受这一过程,因为即便再哀叹,"粮食"也不会凭空多出来。唯有淡然处之,才能过好每一天。

丹霞天然禅师从小就学习儒家经典,长大后打算进京赶考,却在路上遇到了一位行脚僧,僧人问他:"您这是要到哪里去?"

天然禅师回答说:"赶考去。"

僧人说道:"赶考怎么能比得上选佛呢?现在江西的马祖道一禅师出世,您可以到那里去。"

天然禅师对选佛这件事非常感兴趣,就改道南行,放弃了赴京赶考的打算。他来到江西去参拜马祖禅师,他向马祖禅师表明来意后,马祖禅师告诉他先前往湖南石头禅师那儿参学,并对他说:"没有剃度不要回来。"

天然禅师赶到南岳,见到石头和尚就请他为自己剃度。石头和尚并没有立即给他落发,只是说:"你到糟厂舂米去吧。"于是天然禅师就在厨房干了三年的杂活儿。

三年后,石头和尚对天然禅师的表现很满意,欣然为他剃度。

天然禅师开悟后,就又回江西去拜见马祖禅师。他径直来到僧堂内,骑坐在菩萨像上。众人一看,吓了一跳,就赶忙把这件事报告给马祖禅师,马祖道一禅师见是他,便笑着说道:"我子天然。"

天然禅师就立即从菩萨身上跳下来,向马祖禅师行礼后说:"多谢大师赐我法号。"天然禅师的名号由此而来。马祖禅师说道:"你终于懂得了随遇而安,随喜而作。"

天然禅师在选择佛家这条路后,无怨无悔,静下心来学习、劳作。佛家讲:"繁荣的随它繁荣,枯萎的任它枯萎。"这种淡然是大智慧。确实,当一件事情发生的时候,我们如果无力改变就要欣然接受,不做愁眉苦脸的"苦行僧",而要容得下万物,过眼云烟如浮云,我自随缘过千年。

2.到处问别人如何才有饼吃,你就永远没有饼吃

一颗健康的心灵是平和的、淡定的。越淡定,内心越强大。这种感觉就像我们看一棵大树,大风来袭的时候,小树苗被吹得东倒西歪,而大树只有树叶招摇,树干岿然不动。大树展现出来的淡定,是因为它深深的根系和粗壮的树干。

我们每个人都可以学习变得淡定,让内心强大起来。

当你想要一个橙子,却错误地领回一个柠檬的时候,有什么感受?乐观的人拿到一个柠檬时,他会说:"我可以从这件事情中学到什么呢?我怎么样才能改善我粗心的状况?那么接下来把这个柠檬做成一杯柠檬汁吧。"而悲观的人却正好相反,如果他发现错误地拿到一个柠檬,他就会自暴自弃地说:"我真倒霉。连个水果都欺负我,这就是命。我想在工作上成功是没有任何机会了!"

失误、失败、挫折、误解、仇恨是不可避免的,每个人都会遇到,但这些都是暂时的,只要你敢于正视,愿意接纳。

接纳是一种态度。比如接纳自己就是不管自己的状况是什么样子,不管自己的生活有多么不如意,首先要面对现实,接受现实。你要想把自己的楼房建设好,要考虑你的地基问题,地基

有多深,地质构造怎么样,这决定了你人格的大厦能建多高。别人的大厦和设计蓝图你是没有办法照搬的,因为你没有办法选择你出生的环境,没有办法选择你的父母和你的样貌,没有办法选择你在生活中会遇到什么样的人和事。

羡慕、嫉妒别人是没有用的,自怜自艾是没有用的,抱怨上天的不公是没有用的,因为上天给你的东西你没有利用好,你老是盯着别人手里的饼看,却不知道别人做饼过程的艰辛,老是羡慕别人的饼多好吃,却不肯动手做自己的饼。久而久之,你更加厌恶自己,把自己的灶台也拆掉了,自暴自弃,乞讨,到处问别人,你如何才会有饼吃呢?

接纳自己意味着深切知道自己的处境,知道自己需要什么,想要什么,知道自己暂时能做什么、不能做什么。

美国现代成人教育之父卡耐基,碰到过一个满脸微笑却没有双腿的人,他叫班·福特森。

班·福特森微笑着向卡耐基述说事故的经过:“事情发生在多年以前,我砍了一大堆胡桃木的枝干,准备做我的菜园里豆子的撑架。我把那些胡桃木装上车开车回家,突然间,一根树枝滑到车上,卡在引擎里,恰好是在车子急转弯的时候。车子冲出路外,把我撞在树上。那年我才24岁,双腿被截肢了,从那以后就再也没有走过一步路。”

卡耐基问:“那你怎么能够接受这个残酷的事实?”

他说:“我以前并不能这样。”他说他当时充满了愤恨和难过,抱怨自己的命运。可是时间仍一年年过去,他终于发现愤恨使他什么也做不成,只会产生对别人的恶劣态度。"我终于了解到,"他说,"大家对我都很好,很有礼貌,所以我至少应该做到的是,对别人也有礼貌。"

卡耐基又问:"经过了这么多年以后,你是否还觉得碰到那一次意外是一次很可怕的不幸?"

班·福特森很快地说:"不会了。"他顿了顿说,"我现在几乎很庆幸有过那一次事故。"

他告诉卡耐基,当他克服了当时的震惊和悔恨之后,就生活在了一个完全不同的世界里。他开始看书,对好的文学作品产生了兴趣。而且在那以后的14年间,他至少阅读了1400本书,这些书为他打开了一个崭新的世界,他的目光和思想一下子丰富多彩起来。最重要的是,他学会了思考。

班·福特森说:"我能让自己仔细地看看这个世界,有了真正的价值观念。现在,我开始了解,以往我所追求的事情,大部分实际上一点儿价值也没有。"

遭遇不幸,自怨自艾、抱怨他人,都徒劳无益,只会让你在痛苦中越陷越深。放下心来,接纳自己,才能看清世界的真实面目。班·福特森潜心阅读,让他找到了自己的价值。

不要埋怨生活给了你太多的压力,也不要抱怨前进的仕途上有太多的曲折。不经一番风霜苦,那得梅花扑鼻香。大海如果没有了汹涌的波涛,就会失去其壮阔;沙漠如果没有了飞沙的狂舞，就会失去其壮观；人生如果仅求得两点一线的平淡度日，生命也就失去了其存在的魅力。

第二次世界大战结束后的德国到处是一片废墟。美国社会学家波普诺在访问德国期间，曾到一户住在地下室里的德国居民那里进行采访。

离开那里之后，同行的人问波普诺："你认为他们能重建家园吗？"

"一定能。"波普诺肯定地回答。

"为什么回答得这么肯定呢？"

"你看到他们在地下室的桌上放着什么吗？"

"插着鲜花的花瓶。"

"对，"波普诺说，"任何一个民族，处在这样困苦的境地，还没有忘记美，那就一定能在废墟上重建家园。"

在废墟之中始终装载着充满希望的生命之花，这是多么让人敬佩和振奋的事情。人生到底是上升还是下坠，完全取决于我们如何去看待这个人生，倘若在遭受打击之时，仍然能够体会到生命的美好之处，找到象征生命的希望之花，那么你就一定能够走出人生的沙漠，找到属于自己的绿野山泉。

我们再思考一下，是什么让鲜花开在地下室？是不是因为德国家庭正视现实，接纳战败的事实，明白要从头再来的现状呢？失败不可怕，可怕的是不承认失败，躲在臆造的空间消极避世。

加拿大曾有个穷孩子琼尼，因为智商低，学校的功课总是跟不上，学校只好劝他退学。为了安慰他，学校请了一位心理学家和他谈了一次话。心理学家告诉他：工程师可能不识乐谱，医生不一定会绘画，你被劝退学了，但不等于没出息。这番话对他产生了影响。后来，他长年给人家整建园圃，修剪花草。20年后，他成为闻名全国、受人尊敬的风景园艺家。

"去留无意，闲看庭前花开花落；宠辱不惊，漫随天际云卷云舒。"既然悲观于事无补，何不用乐观的态度来看待人生呢！悲观是瘟疫，乐观是甘霖，悲观产生平庸，乐观产生卓绝。悲观蒙住你的双眼，让你无法前行。乐观看待，你会发现"青草池边处处花"，"百鸟枝头唱春山"。悲观看待，举目只是"黄梅时节家家雨"，低眉即听"风过芭蕉雨滴残"。人生何处无风景，保持乐观看遍天上胜景，览尽人间春色。

3.生命中的任何人，都可能是你的贵人

放下不必要的架子，可以亲近他人，让我们看到更多，看得更全。我见过许多的学者，尽管白发苍苍但谦卑和亲切得如同

我的祖父。当我给他们倒去一杯水,他们起身双手接过,连声道谢,笑容可爱得像孩子一般。在我们眼里,他们是学者、教授、领导。我听到最动听一句话是:你和我的孙子一样。

汤姆最近生意不顺,投资的股票又几乎全部亏本,正处于走投无路的关头,这时候他收到一封奇怪的信。这是一位总裁写给他的信,他说自己愿意把公司30%的股权转让给汤姆,并聘汤姆为公司和其他两家分公司的终身法人代理。

汤姆不敢相信天下真有免费的午餐,他依照信上提供的地址找过去探个究竟。总裁见到他就问:"你还记得我吗?"汤姆很茫然。总裁就说:"这就更难得了。"

经这位总裁提醒,汤姆隐约记得:10年前,汤姆去移民局排队办工卡。他听见移民局的工作人员对自己前面的人说:"你的申请费不够,还差50美元。"这人好像是真的就缺这50美元了,不过他如果今天拿不到工卡,就找不到雇主了。汤姆看那人挺为难的,就拿出50美元为那人交了。想不到10年之后,那人这么发达。

总裁告诉他,自己闯荡了10年,经历了很多的磨难,但自己一直保持积极乐观的生活态度。正是汤姆让他相信,世界是充满爱心的,前途是光明的。他之所以迟迟没有还汤姆那50美元,是因为,他觉得这不是50美元所能表达的,现在才是报恩的最佳机会。就这样,汤姆靠50美元的投资,获得了丰厚的回报。

汤姆善待陌生人,最后得到了丰厚的回报。

所以,请不要忽视陌生人和位卑者,也许今天你在一块贫瘠的土地上插上一棵柳枝,明年就能收获一片阴凉。生命中的任何人都可能是你的贵人。世事变化无常,多为别人提供无私的服务和帮助,总能获得回报的。即使不是为了得到物质上的回报,做人也应该与人为善,起码可以得到心灵上的满足和精神上的宽慰,古人教导我们"勿以善小而不为"和今天所提倡的助人为乐,讲的就是这个道理。

苏格兰有位叫弗莱明的贫苦农夫,他一向乐于助人。有一天,他从沼泽地里救出一个小男孩。本来没什么的,这种好事他做多了,可男孩的家长来道谢时,非要送给他很多钱以致谢意。弗莱明坚持不收,申明自己救人是上帝的旨意,不能收钱。那家长看弗莱明的儿子进来,就说:"你不愿意收我们的钱我就不再勉强了,可是你救了我的儿子,我也要为你的儿子做点儿事,以表达感激之情。我会为他资助一切学费,让他受到良好的教育。因为我相信,你这么善良,你的儿子将来也一定很出色。"看那位家长这么有诚意,弗莱明就不再坚持。后来,那位家长真的供弗莱明的儿子到医学院毕业后能自立。再后来,世界上出现两个蜚声世界的杰出人才:弗莱明的儿子就是发明青霉素的著名细菌学家亚历山大·弗莱明教授,弗莱明所救的那个孩子就是英国赫赫有名的首相温斯顿·丘吉尔。

通常,小人物的故事才是最真实的,人世间的故事多是由小人物组成的。类似的故事之所以能流传下来,就是因为,总有些温情的东西温暖着我们心里的某一个角落。

4.你再牛,不招人待见你也只是蜗牛

老子认为有智慧的人，应该具备一种"大成若缺""大盈若冲""大直若屈""大巧若拙""大辩若讷"的内敛功夫:真正技术高明的人,总是看起来普普通通;真正有辩才的人,可能看起来很木讷。只有这样,才能够在为人处世上游刃有余,置危险于身外。

有才能的人不一定幸福,因为才能不仅能带来荣耀,更能带来灾难。才能让人羡慕,也让人嫉妒。才能出众如同树大招风,心胸狭窄的无能之辈总是与有才能的人为仇。因此,有才能的人应懂得内敛的重要性,懂得如何去运用它,要不然定会在这方面栽跟头。

唐代大诗人白居易才高八斗,刚直耿介。他在朝为官时,许多无才无德的小人就重点攻击他。

一次,唐宪宗召见白居易,对他说:"你诗名很大,为人忠直,不像是个奸诈之人,可为什么总有人弹劾你呢?"

白居易说:"皇上自有明断,我说什么也是无用的。不过依我看来,我和那帮人道不同不相为谋,一定是他们嫉恨我的才华忠直。否则,我和他们无冤无仇,他们为什么会无端诬陷我呢?"

白居易自知难与小人为伍,却不屑掩饰锋芒,他对那些无能之辈常出口讥讽,绝不留半点儿情面。

一次,朝中一位大臣作了一首小诗,奉承他的人不在少数。白居易看过小诗,却哈哈一笑,说:"如果说这是一首好诗,那么天下人都会写诗了。"

事后,白居易的一位朋友劝他说:"你身处官场,不应该当众羞辱别人。你不是和朋友谈诗论道,在朝堂上若讲真话,人家只会更加恨你了。"

白居易说:"我最看不惯不懂装懂之人,本来我不想说,可还是压抑不住啊。"白居易自恃有才,说话办事往往少了客气。他对皇上也大胆进言,只要他认为不对的事,他就直言上谏,全不顾任何禁忌。

河东道节度使王锷为了晋升官职,大肆搜括百姓,他向朝廷献上了很多财物,唐宪宗于是准备让他当宰相。

朝中大臣都没有意见,只有白居易站出来反对。唐宪宗生气地说:"你是个才子,就该与众不同吗?你每次都和我唱反调,你是何居心呢?"

皇上发怒了,嫉恨他的小人趁势说他恃才傲物,目中无人。一时,白居易的处境更加恶劣,格外孤立。

大臣李绛同情白居易,劝他收敛锋芒,说:"一个人如果因为才高招来八方责难,他就该把自己装扮得平庸了。你的见识虽深刻远大,但不可显示出来,你为什么总也做不到呢? 这也是为官之道,不可小看。"

最后,白居易还是因为上谏惹祸,被贬出朝廷。白居易的才能人所共知,他尽忠办事,见解高明,却不能建功,只因他的才能过于外露,优点反变成了缺点。

内敛,可以说是我们为人处世的传统方式。不以物喜,不以己悲,是一种内敛;智欲圆而行欲方,也算一种内敛;凡事不张扬,得意不忘形,富足时不骄矜,位卑或者贫穷时也不谄媚,更是一种内敛。

看小说、听评书我们不难知道,镖局这个旧行当在古代曾经盛极一时。镖局的人身怀武功,在舞刀弄棒的年代,仅凭此道,遇人处事就可以胜人一筹。当着别人的面,剑拔弩张,趾高气扬,甚至喜怒溢于言表,也自有底气。可是,镖局恰恰应该是内敛型的。

镖局的对头是强盗,但镖局遇见强盗并非上来就是拳脚相加,而是把自己先收敛起来,讲行话,论人缘,拉交情,谈潜规则,不到万不得已时不动手。因为强中自有强中手,真打起来谁都未必占便宜。强盗拦住镖车,镖局的人要抱拳拱手,打个招呼:当家的辛苦了! 镖局心里明白,自己这碗饭就是因强盗而得,对方才是当家的。如果对方问:穿的谁家的衣? 回答就是:穿的朋友的衣！又问：吃的谁家的饭？再答：吃的朋友的饭！

人家听得高兴，自己又说的是事实，两下里一畅快，就过去了。当然，这也是由于那个时候的贼比较内敛，自有一套道上的规矩，这些底线自知不可轻易破坏，破坏就丧失了立命之所。

如果古时候的强盗和镖局的人都不知道内敛，上来就兵戈相见，那谁都无法吃好自己的"饭"。

做人处世，当谦虚谨慎，虚怀若谷，内敛而不张扬，即使你的才华在众人之上，在必要的时候也还是保留一些比较好。

古人云"君子泰而不骄，小人骄而不泰"，说的就是仪表、行为上的差异。它告诫我们，在日常的生活、工作中，要时刻注意自己的言行举止，懂得在谦虚中善学，懂得在内敛中进步，而不要不知天高地厚，摆出一副唯我独尊、锋芒毕露的骄姿傲态。

5.生活累，一小半源于生存，一大半源于攀比

作家郑辛遥说，生活累，一小半源于生存，一大半源于攀比。是啊，纵横交通，人来人往，行色匆匆，人们到底在忙活什么？不就为了生计、为了生活、为了柴米油盐酱醋茶吗？我们不可能天天躺着等天上掉馅儿饼，更不可能因为自己不愿奔波随心所欲

地睡大觉或四处闲逛。即便我们生病了、累了、情绪不好了，也不可能随随便便丢下工作，因为那关系着我们的生存与温饱。所以，因为生存的问题，已经够我们累的了。

可是，有些人还嫌不够，非得要给自己的生活加点儿猛料，眼红、心跳、嫉妒、郁闷、愤怒五味杂陈，全都扑面而来才甘心。你有你的生活，拥有别人没有的东西，为什么偏偏要自寻烦恼，拿自己没有的跟别人比呢？人何苦要为难自己？生存本就不易，为何还要给自己脆弱的承受能力上雪上加霜呢？

朋友长得不错，且有才华，但活得不开心。三十好几了，还待字闺中，成为黄金剩斗士。相处了几个男朋友最终也都离她而去。原来她总是喜欢和别人攀比，一发现别人有，而自己没有的东西就很郁闷。

一开始，她看到周围同事都陆续买了房，就向自己的男友抱怨，自己的同事托男友或老公的福全都有车有房了，只有自己什么都没有。男友东拼西凑，在市郊买了一套小房子，又用剩下的两万块买了一辆二手奥拓。于是，他们也算是有车有房了。

可是，这并没有让女孩满足。她总能从生活中找到与人对比的地方，比如别人都穿名牌衣服，拎名牌包，戴名牌首饰，吃法国大餐，到异国旅游，节假日能收到男朋友的百万玫瑰，短租英国城堡度假等等。

为了满足她的欲望，男友拼命工作，加班加点，连节假日都搭进去了。

可是,这些努力,并没有减少女朋友的郁闷。上班五天,有四天下班回来,她都是板着面孔的,说自己受到了严重打击,别人拥有的小东西自己都没有,更不要说大件了等等。

相处一段日子,男友们发现自己无论怎么努力也无法赶上她欲望的膨胀,只能选择离开。

其实,你看到的别人的光鲜,也许仅仅是一件遮羞布,你可知道那布下面有多少不堪的痛苦?别人有的你没有,可你是否知道,别人为了得到付出了多少? 你觉得自己事事不如人、时时不如意,可你是否知道这不如意、不顺心都是你自己制造的? 如果你的眼睛看到的不是别人拥有的、享受的、挥霍的,你还会那么纠结、郁闷、崩溃吗?

人生不如意十之八九,天天咬着这个不如意不放,生活还怎么继续?你看到别人有车有房有钞票,有成功的事业,有漂亮的情侣,有美满的婚姻,有欢快的笑容,别人一挥手即来的东西你要奋斗一辈子才拥有……越对比越郁闷越抓狂,附带抱怨自己没有一个好的出生背景,没有一个腰缠万贯的父亲,没有一张漂亮的脸蛋,没有遇到一个不错的机会……越想越觉得全世界都欠你的,就连上帝也要狂批一通。可是这一番翻江倒海的痛苦结束后,你的生活有了什么起色? 有了什么变化? 你除了浪费大把时间,让自己活得不痛快,平添无数皱纹和白发外,生活丝毫未变,你还得为生计忙,还得为自己的攀比心理埋单,周而复始,直至走到生命尽头。

我们常说知足常乐,为什么不看看自己呢?我们四肢健全,有着稳定的工作,父母双全,虽然没房没车,但不缺容身之地,没有人不准我们乘公车、坐地铁。我们呼吸着新鲜空气,感受阳光的温度,自由穿梭在这个城市,我们有梦想追求,这一切多美好。

那么,就请卸下捆绑在自身的那些贪婪气囊,做个少欲一身轻的人!细细品味生活赋予自己的一切,追寻属于自己的生活吧!

6.天空不留下我的痕迹,但我已飞过

现代人背负着各种压力,不是忧虑就是烦恼,已很难品味到静的清芬与愉悦,整日浮躁不堪,不仅影响我们平静的思考,而且也失去了生活的乐趣。不如放开胸怀,静下心来,享受生活的原味。毕竟唯有宁静的心灵,才不眼热权势显赫,不奢望金银成堆,不祈求声名鹊起,不羡慕美宅华第……所有的这些只能加重生命的负荷,加速心灵的浮躁,而与豁达康乐无缘。

一天,有源禅师去拜访大珠慧海禅师,请教修道用功的方法。

他问慧海禅师:"和尚,您也用功修道吗?"禅师回答:"用功!"

有源又问:"怎样用功呢?"

禅师回答:"饿了就吃饭,困了就睡觉。"

有源有些不解地问道："如果这样就是用功，那岂不是所有人都和禅师一样用功了？"

禅师说："当然不一样了！"

有源又问："怎么不一样。不都是吃饭、睡觉吗？"

禅师说："一般人吃饭时不好好吃饭，有种种思量；睡觉时不好好睡觉，有千般妄想。我和他们当然不一样。"

的确，我们经常是思前想后、辗转难眠，醒时害怕失眠，眠时害怕噩梦缠身，总是心神不宁、寝食难安，每日愁眉苦脸，惶惶不可终日。

正如慧海禅师所说，用功之道在于"饥来吃饭，困来即眠"，只是我们常常"吃饭时不肯吃饭，百种思索；睡觉时不肯睡觉，千般计较"。

有一个小和尚，因为师兄师弟们老是说他的闲话，他为此感到非常苦恼。各种各样的闲话让他感觉很不自在。念经的时候，他的心还是在那些闲话上，而不是所念的经文上。

这日，他实在无法忍受了，就跑去找师父告状："师父，师兄弟们老说我的闲话。"

"是你自己老说闲话。"师父双目微闭，缓缓地说道。

"他们多管闲事。"小和尚不服地辩解。

"不是他们多管闲事，是你自己多管闲事。"师父仍然没有睁开眼睛，平静地说道。

小和尚又说："他们瞎操闲心。"

师父说："不是他们瞎操闲心，是你自己瞎操闲心。"

"我管的都是自己的事啊！师父为什么这么说我呢？"

"操闲心、管闲事、说闲话，那是别人的事，别人说别人的，与你何干？而你不好好念经，老想着别人操闲心，难道不是你自己在操闲心吗？老管别人说闲话的事，难道不是你自己在管闲事吗？老说别人说闲话，难道不也是你自己在说闲话吗……"

师父话音未落，小和尚已经茅塞顿开。

我们阻挡不了别人说闲言碎语，但是我们可以对这些闲话采取豁达和漠视的态度。这样，我们的生活才会轻松自如。修行人对于自己不相干的事不要去听，也不要打听，不必想知道。

古人说："知事少时烦恼少，识人多时是非多。"凡是对于清净心有妨碍者，都要远离。反之，心就迷了。

在日常生活中常发现自己的过失，就是开悟。悟了才能改过自新。自己有过失而自己不知道，有人说你的过失，若是修行人，马上向此人恭敬顶礼。迷惑的人听了，马上就发脾气。身是假的，心是真的。身比作佛堂，心比作佛像，心不可动。一个人独处也是如此，在热闹场面心仍不动，赞叹毁谤亦不放在心里，心永远是定的。

净空法师在《弘一法师晚晴集讲记》里进一步解释说："修行人心中无事叫真工夫。体究自己本命元辰端的处，即是参究父母未生前的本来面目，也就是随时提起正念工夫。就净宗说，就是时时刻刻提起一句佛号,历历分明,不夹杂,不间断。心中无事就不夹杂,净念相继就不间断。一旦我们达到了这种境界,就能在任何场合下,保持最佳的心理状态,充分发挥自己的水平,施展自己的才华,从而实现完美的'自我'"。

人要有经受成功、战胜失败的精神防线。成功了要时时记住,世上的任何一样成功或荣誉,都依赖周围的其他因素,绝非你一个人的功劳。失败了不要一蹶不振,只要奋斗了,拼搏了,就可以无愧地对自己说:"天空不留下我的痕迹,但我已飞过。"这样就会赢得一个广阔的心灵空间,得而不喜,失而不忧,把握自我,超越自己。

人生无坦途,在漫长的道路上,谁都难免会遇上厄运和不幸。人类科学史上的巨人爱因斯坦,在报考瑞士联邦工艺学校时,竟因三科不及格落榜,被人耻笑为"低能儿"。小泽征尔这位被誉为"东方卡拉扬"的日本著名指挥家,在初出茅庐的一次指挥演出中,曾被中途"轰"下场来,紧接着又被解聘。为什么厄运没有摧垮他们?因为在他们眼里荣辱始终是人生的轨迹,是人生的一种磨炼。假如他们没有当时的厄运和无奈,也许就没有日后绚丽多彩的人生。

世上有许多事情的确是难以预料的,成功伴着失败,失败伴着成功,人本来就是失败与成功的统一体。人的一生,有如簇簇繁花,既有红火耀眼之时,也有暗淡萧条之日。

19世纪中叶,美国有个叫菲尔德的实业家,率领工程人员,要用海底电缆把"欧美两个大陆连接起来"。为此,他成为美国当时最受尊敬的人,被誉为"两个世界的统一者"。在举行盛大的接通典礼上,刚被接通的电缆传送信号突然中断,人们的欢呼声变为愤怒的狂涛,都骂他是"骗子""白痴"。可是菲尔德对于这些毁誉只是淡淡地一笑。他不作解释,只管埋头苦干,经过几年的努力,最终通过海底电缆架起了欧美大陆之桥。在庆典会上,他没有上贵宾台,只是远远地站在人群中观看。

菲尔德不仅是"两个世界的统一者",而且是一个理性的战胜者。当他遇到难以忍受的厄运时,通过自我心理调节,然后作出正确的选择,从而在实际行为上显示出强烈的意志力和自持力,这就是一种理性的自我完善。

面对成功或荣誉,要像菲尔德那样,不要狂喜,也不要盛气凌人,把功名利禄看轻些、看淡些;面对挫折或失败,要像爱因斯坦、小泽征尔那样,不要忧悲,也不要自暴自弃,把厄运羞辱看远些、看开些。

以一种"平常心"看待名利和荣誉,对于一切,你都可能会很坦然。有名有利,你是你;无名无利,你还是你。始终保持朴素纯洁的做人本色,实实在在、真真切切、从从容容走好你的人生之路,这该是多么轻松惬意的事!

第二章

别到处说你的苦，
没人愿意听你的负能量

"真讨厌，今天又堵车了，能不能每天不这么烦人。"事实上，每天早晨，我到公司的时候都能听到她抱怨——我的一个同事。然后，一整天她都在为这件事情耿耿于怀。

"怕堵车你不会早点儿起？"

"你是不知道啊，我6点就起来了，给儿子做早饭，还要整理他的书包，我家那个，什么都不做……然后，楼下卖早点的也越来越黑心了……"（此处省略2500字抱怨）

于是，渐渐地，只要她一张嘴，我总是习惯性地塞上耳机。

现实生活中有不少这样的人，他们把抱怨当成聊天的一个内容。他们可以抱怨的事情也五花八门：天气、交通状况、商场里拥挤的人群、银行里的长队、变老的事实、待遇太少、疾病的困扰、子女的问题等。

哲人说："你的心态就是你真正的主人。"伟人说："要么你去驾驭生命，要么是生命驾驭你。你的心态决定谁是坐骑，谁是骑师。"

艺术家说："你不能延长生命的长度，但你可以扩展它的宽度；你不能改变天气，但你可以左右自己的心情；你不可以控制环境，但你可以调整自己的心态。"

佛说："物随心转，境由心造，烦恼皆由心生。"

可见，一个人有什么样的心态，会产生什么样的生活，这是毋庸置疑的。

其实，人的心态无非有两种，一种是积极的心态，一种是消极的心态。而积极与消极之间的距离可以说很小，小到只在一念之间，但后果的差异却是十分巨大的，这个差距就是成功与失败的差距。积极的心态会让你变得越来越优秀，越来越成功；消极的心态则会让你变得越来越颓废，越来越失败。

1.抱怨不是聊天的工具,别让全世界都讨厌你

大多数人都会觉得抱怨是很好的发泄工具,在受到挫折或面临困难的时候可以放松自己的心情。

爱抱怨者,可能很难意识到:很多抱怨都是他们自己一手造成的!你的工作没做好,上司自然会找你麻烦;你不注意减肥,当然没有适合你的衣服;你不看天气预报,被雨淋了又能怪谁?所以当你试图抱怨的时候,不妨先从自己身上找找原因。否则,一旦养成了抱怨的习惯,就会把自己的问题隐瞒起来,结果成为问题重重的员工,上司只能痛下决心……你会失去那些本来喜欢你的朋友,因为你的抱怨让他们感到心烦;你的家人会感到失望,因为你让他们跟着遭受了太多的不愉快。这会形成恶性循环,你的抱怨更加严重,你的心境会变得更加糟糕!

如果一个人把抱怨当成习惯,就会失去与别人交流的能力。你有没有这种经历?在你心情很好的时候碰到一个人,这个人上来就说天气有多么糟糕,他的生活多么黯然无光。这个时候,你的大脑会随着他的语言思考,结果,你脑中的画面是一幅幅不愉快的景象,你的心情也会因此而变得莫名的压抑。下一次,你会尽量避开与这个人交流。

玉茹,今年快40。研究生毕业后,就顺利考取公务员,转眼

间在这个单位服务已经十多年了，但是每次升迁的机会总是跟她擦肩而过。这些她都还能够忍受，最令她难以忍受的是单位里的人似乎有意无意地孤立她。

在向心理师咨询的初期，玉茹认为自己人际关系不好的原因有两个，一是自己比身边多数人来得聪明些，因此容易遭妒；二是自己"有话就说"的个性太容易得罪人。

单位里面原本还有些人跟她交情不错，会找她聊聊天或放假时约她一起逛街。但是一段时间后，这些人也逐渐远离玉茹，因为他们发现自己好像变成了玉茹的"情绪保险箱"，每次谈话的主题都会被玉茹主导为对某一位同事的不满与批评。

更令对方感到压力沉重的是，玉茹总在抱怨完毕之后，以双方"友谊"为筹码，要求对方不得向任何人透露当天谈话的内容。但是几乎毫无例外，每隔一段时间，办公室里总会传出玉茹控诉某位同仁如何背叛她的话来。

可想而知，玉茹在办公室里的"友谊"越来越稀薄，她总是盼望赶快有新的同事来报到，衷心期待或许有一天，自己终于能够遇到一个值得信任的朋友……

普通人有一个共同的毛病：肚子里搁不住抱怨，有一点点喜怒哀乐之事，就总想找个人谈谈；更有甚者，不分时间、对象、场合，见什么人都把抱怨往外掏，从而使自己的心情也很差。

王楠是个很喜欢抱怨的女人，在办公室里你随时都可以听到她的抱怨。和她相处得久了，就会发现她做事急躁，遇到困难的事情只会逃避。

一次，王楠正在公司抱怨自己工作累，而且工资不高的时候，恰好部门经理过来，于是就把王楠叫到了办公室。经理看着有点儿不知所措的王楠，慢慢说道："这里的工作就那么让你不开心吗？"

"没有。"王楠小声地说道。

"公司给你的酬劳就那么让你不满意吗？"经理似乎没有听到王楠的回答继续问道。

"经理，没有。"王楠这次真的怕了。

"既然你对这个公司的评价这么不好，你下午去财务那里把工资领了，另谋高就吧。"经理说完之后，也没有等王楠解释就离开了办公室。而王楠也不得不领了工资，下午离开了这家公司。

心理学家说，人若有抱怨，应该说出来，才不会在心内郁积，憋出病来。这个说法基本上是没错的，但要说可以，不能"随便"说。生活中，哀伤、郁闷、不满都是每个人会有的情绪。如果女人一味地去抱怨那些让人烦恼的事情，那么女人永远都不会有一个积极的心态去对待生活。抱怨的事情越多，就会觉得痛苦的事情越多，从而也会对生活失去希望。抱怨就像乌云一样，一直沉浸在其中，只会沦陷在痛苦的沼泽不能自拔。

2.我就不让你惹我生气

跟朋友约会,他迟到了半个小时。在这个状况下,有人的感受会是非常生气,他怎么可以迟到?有人的感觉则是会担心:他会不会出了什么事? 也有人会想,他既然迟到一定有不得已的原因,反而产生了体谅的感觉。

我们所有的情绪,其实都是我们诠释事件之后主动决定的。

幸福达人会选择做情绪的主人, 自己决定用什么方式来回应生活中发生在我们身上的事情。例如:他对我很不客气,我先想一想用什么情绪来回应这个事情。你也可以说,我就不让它影响自己。

了解了情绪的秘密,有个天大的好处,那就是:我们会从现在开始为自己的情绪负责任,而不会把情绪的责任丢给别人。因为把情绪的责任丢给别人,会造成一个致命的伤害,我们会认为改变别人,才能够改变自己。我们希望别人改变对我们的态度,我们才能从此变得幸福。说实话,我们是管不到别人的。别人用什么态度对待我们,我们毫无掌控——我希望他改变,而他不改变,我就有挫折感,觉得很沮丧,最后产生抑郁和绝望的情绪状态。

聪明的人,会为自己的情绪负责任,如果我因为你对我的态度而生气了,那是因为我决定要生气;如果我因为你对我的方式而伤心, 那是因为我决定要伤心。当情绪的主人翁是自己的时候,你会发现这个世界就豁然开朗。

今天你会快乐吗?

许多人一听到这个问题,心中的第一个念头是:"那得看状况。"

看什么状况呢?要看今天遇上的人是否令人喜欢,今天发生的事儿是否让人如意,这才能决定今天的心情是否开心吗?

换句话说,今天的际遇,会决定今天的心情。

事实上,真正的情商高手会毫不犹豫地回答:"当然不会!"而这份坚决是来自他们所共同享有的一个秘密:"全世界唯一要为我们的情绪负责的,只有一个人,那就是自己!"

听起来很不可思议,心情怎么会跟别人无关呢?要不是他老对我无故大吼,我怎么会伤心? 要不是客户发飙无理取闹,我怎么会生气? 如果"另一半"没有彻夜不归,我怎么会担心?

这许许多多的心情,看来都跟别人对待我们的方式大大有关。

先来看个例子。

随便找个人,请他起立站着,然后要求大伙儿一块儿动脑子想些方法,目的是要在30秒内刺激这人。于是乎答案就从会场的四面八方传了过来:

"动手揍他!""骂他猪头!""对他动手动脚!"甚至"把他的车子砸毁!"

想法极富创意,不胜枚举。

要让一个人生气其实是易如反掌,只要有心,任何一个人都可能在几秒钟之内，让你我暴跳如雷。

只有一个例外。

如果身为当事人的你我今早出门时，下定了快乐的决心，告诉自己不论今天发生什么事，遇到如何不堪的境遇，都不会动摇自己快乐的心境，那么别人的举止就无法对我们产生负面的伤害了。

有一位青年脾气暴躁，经常和别人吵架，因此大家都不喜欢他。

有一天，这位青年无意中走到了大德寺，碰巧听到一位禅师在说法。他听完后不能参透，于是在会后留下来问禅师，"什么是忍辱？难道别人朝我脸上吐口水，我也只能忍耐着擦去，默默地承受？"

禅师听了青年的话笑着说："哎，何必擦呢？就让口水自己干吧。"

青年听后，有些惊讶，于是问禅师："那怎么可能呢？为什么要选择忍受呢？"

禅师说："这谈不上什么忍受不能忍受的，你就把口水当作蚊子之类的东西，不值得为此大动干戈，微笑着接受就行了！"

青年问："如果对方不是吐口水而是用拳头打过来，那该怎么办呢？"

禅师回答："这不一样吗？不要太在意，这只不过是一个拳头而已。"

青年认为禅师实在是胡说八道，终于忍耐不住，忽然举起拳头，向禅师的头上打去，并喝道："和尚，现在怎么样？"

禅师非常关切地问："我的头硬得像石头，并没有什么感觉，但是你的手大概痛了吧？"

青年愣在那里，忽然心有所悟。

面对青年的暴行，禅师毫不放在心上，辱又从何而来？

不要因为外界的变化引起内心的起伏。当我们修炼好了内心，让内心足够强大，就没有事情能让自己生气了。不会生气，"辱"又从何来？

所以快乐是一种决心，只要你我下定这份决心，就能掌握住情绪的主控权，而不至于在琐碎的生活事件中，糊涂地将心情的决定权拱手让给别人，并让周遭的人来定出自己情绪的基调。

你一定也听过这个哲学："开心是一天，不开心也是一天，为何不开心地过呢？"其中的道理就在于此。

更何况，真正决定我们情绪的，不是发生了什么事，而是我们对这些事情所作的诠释。

例如，面对他人辱骂"你是猪头"，如果我们认为"他就是看我不顺眼，这是恶意中伤"，那当然就会愤怒不已；然而如果你把它解释为"他今天心情不好，出口重了，但不是冲着我来的"，你就会不但不生气，反而有些替他担心；而如果你的想法是："这代表他很不喜欢我的做法，太好了，如果能让他赞成，就表示我做对了！"那你当然是暗自高兴。

这下你该相信，情绪真的只跟自己有关，只有自己才应该为自己的情绪负责任。也就是说，"你让我情绪不好"这句话是有谬误的，如果我不让我生气，不论你怎么做，你是一点儿也气不到我的，同样，如果我不让我感到难过，你也无法伤到我的心。

事实的真相是，没有你的允许，没有人能影响你的情绪。当你下定了快乐的决心，并愿意找回情绪的主控权，你会发现，自己离幸福不会太远。

下次，因情绪起伏而失去幸福感受时，请别忘了提醒自己，情绪是由"自己"决定的！

3.把情绪的镜子对着自己照照

大多数成功者，都是能够把情绪控制得收放自如的人。这时，情绪已经不仅仅是一种感情的表达，更是一种重要的生存智慧。如果控制不住自己的情绪，随心所欲，就可能带来毁灭性的灾难。情绪如果控制得好，则可以帮我们化险为夷，甚至获得意想不到的好处。

很多时候，那些让我们生气的理由，回头再想想根本不值得，甚至有的时候我们发完脾气却忘了自己为什么不高兴。

有一个叫爱地巴的人，每次和人发生争执的时候，就以很快的速度跑回家去，绕着自己的房子跑上两圈，然后坐在地上喘气。

爱地巴工作非常努力，他的房子越来越大，土地也越来越广。

但不管房子和土地有多大，只要与人争论而生气的时候，他就会绕着房子跑两圈。

"爱地巴为什么每次生气都绕着房子跑两圈呢？"所有认识他的人，心里都感到疑惑，但是不管怎么问，爱地巴都不愿意明说。

直到有一天，爱地巴很老了，他的房子和土地也已经太大了，他生了气，拄着拐杖艰难地绕着房子转，等他好不容易走完两圈，太阳已经下山了，爱地巴独自坐在地上喘气。

他的孙子在身边恳求他："阿公！您已经这么大年纪了，这附近地区也没有其他人的土地比您的更广，您不能再像从前，一生气就绕着房子跑了。还有，您可不可以告诉我您一生气就要绕着房子跑两圈的秘密？"

爱地巴终于说出隐藏在心里多年的秘密，他说："年轻的时候，我一和人吵架、争论、生气，就绕着房子跑两圈，边跑边想自己的房子这么小，土地这么少，哪有时间去和人生气呢？一想到这里，气就消了，把所有的时间都用来努力工作。"

孙子问道："阿公！您年老了，又变成最富有的人，为什么还要绕着房子和土地跑呢？"

爱地巴笑着说："我现在还是会生气，生气时绕着房子跑两圈，边跑边想，自己的房子这么大，土地这么多，又何必和人计较呢？一想到这里，气就消了。"

发现自己产生负面情绪的时候，不能首先把责任推给别人，而必须学会先把镜子转向自己。看看自己的心智模式有哪些不妥的地方，一个人就是要不断地照镜子。只有自己不断"照镜子"，才能更清晰地认知自己，认清自己的优缺长短，更能让自己扬长避短，让自己的潜能发挥得更为出色，更为淋漓尽致。

首先要对自己的情绪作出准确定位。

一般我们在进行情绪定位时，有四种类型可供参考：超越情绪、成就情绪、系统情绪与问题情绪。

超越情绪——处于此种情绪的人立志高远，能够成就大业。他们凡事立足于自己，不强调客观理由，不抱怨外在环境，对个人的利益和别人的偏见可以轻松面对，不以物喜，不以己悲；注重外在形象和语言，与人友好沟通，给人轻松无压力的感觉，彰显崇高的人格魅力。

成就情绪——成就情绪来源于受到轻视后决心奋发努力取得成就。如果我们能够正面利用负面情绪，而不是在负面情绪中不能自拔，这份情绪就能使个人获得提升。以从事销售业务的销售员为例，在受到客户拒绝的负面情绪与压力时正面激励自己，往往能最终取得客户的信任，签下订单。

系统情绪——处于这一类型情绪的人，对周围的一切事务都感到担忧，替别人着急，而且不尊重个体的差异，凡事以自我的标准来衡量一切。

问题情绪——问题情绪是对别人的批评感到气愤、责怪，不思改进而最终失败,使人停留现状,不能突破。拥有此种情绪的人,在人际交往过程中总是关注别人的缺点,导致交际与沟通多有不畅;由于自我的力量不足,总爱挑剔别人的问题,传播别人的失误;往往以受害者自居,希望别人能主动关注自己。

根据上述分类,我们可以对自己的情绪作出定位,并找出所要提升的定位区域。

其次要正确表达情绪。

情绪的表达方式对情绪的最终改善有着直接影响,正确表达,才能使他人理解,使自我压力得到释放。人们表达情绪的方式一般有以下三种。

冷战——这是情绪压力最残酷的表达方式。由于单方面承受情绪,不与他人沟通交流,长期处于压抑状态,最终导致身体病变,引起精神方面的疾病。

发泄——不顾忌环境与后果,将情绪原原本本地表现出来,容易给他人造成压力,在组织内部形成矛盾。在日常生活与工作中,这是典型的"先情绪后事情"的表现。

表达——以不给对方压力的方式,表达自己的情绪是喜是怒,让对方知道错且给他改正错误和成长的权力,也就是所谓的"先事情后情绪"的做法。这是我们所提倡的正确表达方式。

4.终结抱怨，引进正向思考的力量

对我们来说，正向思考是一种强大的力量。它不仅能够让我们的心智变得坚定、积极，而且直接作用于我们的身体，使我们获得心灵、身体的双重支持。

经科学家研究证明，正向思考时神经系统所分泌的神经传导物质具有促进细胞生长发育的作用。因为人体的神经系统与免疫系统相互关联，所以在人们展开正向思考时，身体的免疫细胞也会同样变得活跃起来，并继续分化出更多的免疫细胞，使人体的免疫力增强。所以一个积极面对生活、对身边一切经常采取正面思考的人，不容易生病，也更容易获得长寿、健康的人生。

另外，研究学者寇菲也指出：在挫折面前，有超过九成的人会有退缩、攻击、固执、压抑等反应，而善于运用正向思考的人会有这些反应的比率则低于一成。

美国心理学家马丁·塞利格曼也曾对修女做过一项关于快乐和长寿的研究。被纳入研究范围的180位修女几乎都过着有规律的与世隔绝的生活，不喝酒也不抽烟，几乎吃着同样的食物，都曾有过婚姻和生育经历，都没有被传染过性病，社会地位及享受到的医疗照顾基本相同，但是这些修女的寿命和健康状况差别仍然很大。其中有人年纪接近百岁仍然身体健康，而有人则在年过半百时就患病而终。

后来塞利格曼专家发现，那些寿命较长的修女总是拥有着快乐、积极的生活态度。一位98岁的修女曾在她的自传中写道："上帝赐给我无价的美德使我起步容易。过去一年在圣母修道院的日子非常愉快，我很开心地期待正式成为修道院的一员，开始与慈爱天主结合的新生活。"

这位修女的健康与长寿很大程度上得益于她乐观的心态。

可见，正向思考带给我们的力量是由心至身的，也是巨大的、不可替代的。它带给我们无限向上的力量，让我们即使面对逆境也能保持乐观、积极的心态，不会因为遭遇困难而怨天尤人、一蹶不振，更不会郁闷成疾，它是我们的健康保护伞、心理调节器。

一天，美国前总统罗斯福的家中失窃，损失了很多钱财。一位朋友得到消息后立刻给罗斯福写了一封信，希望可以安慰他一下。不久，这位朋友就收到了罗斯福的回信，信中写道：

"亲爱的朋友，非常感谢你来信安慰我，我现在很平安，请你放心，而且我还要感谢上帝：首先，小偷偷去的是我的东西，但是没有伤害到我的生命；其次，小偷只偷去了我家的一部分东西，而不是所有；再次，最让我值得高兴的是，做小偷的是他，而不是我。"

这是一个广为流传的故事，罗斯福所列举出的三条感谢上帝的理由，充分显示了他作为正向思考者的特质。这种特质也成为他深受美国民众和世界人民尊敬的原因之一。或许谁都不曾想到,这样一位曾在美国政坛连任四届总统,并对联合国的建立作出过突出贡献的政界"奇才",竟然会是一个从小患有小儿麻痹症的人。罗斯福的一生都闪耀着夺目的光彩,这得益于他的聪慧与勤奋,更得益于他所具备的正向思考特质,正是这种正向思考特质使他充分发挥出生命的力量,成为美国历史上最伟大的总统之一。

可以说,善于正向思考的人更容易获得上天的垂青,因为这些正向思考者身上有着一种独一无二的特质,能够吸引美好事物的到来。因此,我们了解并认识正向思考者所具备的特质,并将其与自身相结合,也是一个剖析自我、认识自我,并间接完善自我的过程。

善于正向思考的人都有着几乎相同的人格特质,对于人生的态度也惊人的相似,这让他们拥有了把握精彩人生的巨大力量,使他们时刻心怀感恩、积极向上,为自己的生命而歌。正如霍金所说:"我的大脑还能思维,我有终生追求的理想,有我爱和爱我的亲人和朋友,对了,我还有一颗感恩的心……"这无疑成为那些正向思考者始终都在心中哼唱的歌谣。

归纳来看,正向思考者所具备的特质主要体现在以下三个方面:

(1)能够坦然面对现实。现实也许并不总是像我们想象的那样美好,难免会上演悲伤与落寞的戏码,逃避现实只能让它们越来越近,而唯有面对,才能获得与之抗争的勇气与力量。

(2)拥有深信"生命有其意义"的价值观。任何一个生命个体都有其独特的意义,完全地发挥生命的内在力量,并将这些力量服务于社会,贡献于世界,则每个生命都可以闪现出耀眼的光芒,获得世界的认可。

(3)实时解决问题的惊人能力。行动是一切事物得以实现的重要因素,如果只说不做,再多的思考也是徒劳。只有具备解决问题的惊人能力,才能获得推动事物发展的实力。

正向思考者所具备的特质仅仅三条而已,却概括地诠释了人们驾驭自我、实现生命完整价值的过程:树立信心、坚定信念、实施行动。然而这又是需要被我们深刻体会的,信心需要多大,信念需要多么坚定,行动需要付出多少艰辛与努力,都是需要我们每个人去深入了解的。

有一句名言说:"生活是一面镜子,你对它哭,它就对你哭;你对它笑,它就对你笑。"而这也恰恰总结了正向思考的内涵:用美好的心态去面对生活中的一切,就会得到一切美好的思考结果,并且这种结果会作用于生活,使它朝向美好的方向发展。

5.只要你在做,就比光在那里郁闷要好

愤怒是一种非常大众化的感情。成千上万的人毫无必要地受到我所说的"毒性愤怒"的侵害,这种愤怒每一天都在毒害着

他们的生活。

愤怒是无法彻底消除的,而且也没有必要消除它。但你有必要对它进行很好的管理和控制。不管是在家里、在工作中,还是在你和关系亲密的人相处的过程中,都需要进行愤怒管理,这样你就可以从愤怒中获益。

愤怒就其本身的特性来说是短暂的。它就像拍打沙滩的波浪一样,来得快,去得也快。对于大多数人来说,5~10分钟之后,火气就下去了。但对某些人,愤怒会挥之不去,并有可能愈演愈烈。

不悦要比愤怒更加常见。如果仅仅感到不悦,一般不是什么问题,但前提是这种感觉能就此打住,不往下发展。

怎样才能让不悦之情就此打住,不往下发展呢?下次有人惹你不高兴时,你可以尝试像下面这样去做:

(1)不要把事情想得过分严重。用正确的眼光对待。如果在开车时有一辆车突然插到了你的前面,要记住这只是让你不快的小事,而不是世界末日。

(2)不要把问题个人化。那个开车时插到你前面的司机并不认识你——他很可能并没有意识到给你带来的不快。也许某件事让他不顺心,因此想发泄出来,但这绝对不是针对你。

(3)不要指责别人。一旦开始指责另外一个人,就很容易使你的不快升级。所以,让事情就这么过去吧,别再去追究。

(4)不要老想着报复。把某事归罪于某人后,下一步往往就是报复。与其这样,不如把精力用在比报复更有用的事情上面。

(5)不断探寻让自己面对某种情况而不生气的方法。开车的时候其他司机让你不悦，但你该怎样做才能不让这种不悦升级为愤怒呢?也许你可以播放自己喜欢的音乐,或者收听自己喜欢的电台节目,特别是一些轻松愉快的节目,也许一些其他的方法对你更有效。总之,你要不断地总结和摸索。

（6）不要把自己看成一个无助的受害者。采取一些措施使自己适应令你不快的情况,或者想办法改变这种状况。不管你做什么,只要你在做,就比光在那里生气要好。

（7）不要让负面情绪放大你的愤怒。愤怒会加剧你的郁闷。告诉自己：我不会因这种令人不快的情况使我的坏心情雪上加霜。问自己:如果我心情不这样糟糕,遇到这种情况我会怎样做?然后就那样去做。

有一个年轻的农夫,划着小船,给另一个村子的村民运送自家的农产品。那天的天气酷热难耐,农夫汗流浃背,苦不堪言。他心急火燎地划着小船,希望赶紧完成运送任务,以便在天黑之前能返回家中。突然,农夫发现前面有一只小船沿河而下,迎面向自己快速驶来。眼看两只船就要撞上了,但那只船并没有丝毫避让的意思,似乎是有意要撞翻农夫的小船。

"让开,快点儿让开!你这个白痴!"农夫大声地向对面的船吼道,"再不让开你就要撞上我了!"

但农夫的吼叫完全没用，尽管农夫手忙脚乱地企图让开水道,但为时已晚,那只船还是重重地撞上了他的船。农夫被激怒了,他厉声斥责道:"你会不会驾船,这么宽的河面,你竟然撞到了我的船上！"

当农夫怒目审视那只小船时,他吃惊地发现,小船上空无一人,听他大呼小叫、厉声斥骂的只是一只挣脱了绳索、顺河漂流的空船。

在多数情况下,当你责难、怒吼的时候,你的听众或许只是一只空船,绝不会因为你的斥责而改变航向。

如果你能学会控制自己的情绪,冷静分析那些容易让你生气发火的原因,你就可以知道自己还欠缺什么,自己害怕什么,自己想要什么。

6.没有人像你想得那么好,更多的是和压力死磕到底

很多成年人都爱说,要是我们永远不长大,做一个单纯懵懂的孩子,不用承担来自事业、情感、家庭、社会的压力,生活一定很甜蜜和轻松,世界一定很美好!

其实,这样的说法是有很多破绽的——因为压力本来就是无所不在的,从一个人出生开始,压力就如影随形。即使作为一个孩子,虽然没有生计的烦恼,却也要熟悉这个新世界的冷暖,

也会有各种各样莫名其妙的需求及无法满足的失落。

等到稍大一点，孩子又会因为复杂的社会因素，与他人进行比较、竞争，形成实际的压力。

等到再大一点，只要孩子对生活有了较为明确的目标和要求，就必须承受一份来自环境、体系、制度的压力。但是，因为孩子天性中具备接受新鲜事物的特质，所以他们大多能很快消除压力带来的不适，进而稳重、沉着地应对挑战。

压力有大有小，你把它看得重，它就重；你把它看得轻，它就轻。与孩子的善于遗忘和善于学习相比，成年人由于太依赖习惯和常规，对压力的态度就显得不那么友好！

然而，适当的压力对人来说，绝对是不可缺少的清醒剂。它让你不畏惧困难，懂得思考如何进入新的局面、如何打破旧的格局，甚至让你萌发自信和勇气，这些都是帮助你将来获得幸福的先决条件。任何人都要接受压力的挑战。

著名的凯撒从一个没落贵族荣升到罗马最高统帅，建立起庞大的帝国，每个时期他都肩负沉重压力，并跨越重重险阻，最终才收获成功。

凯撒19岁时，家族权威人士从集团利益出发，要求他放弃原来的婚约，与权派人家的女儿攀亲，甚至不惜使出各种手段进行胁迫。然而面对压顶的阻力，凯撒毫不退缩，坚持自己的主张，甘愿让个人财产和妻子的嫁妆被没收，并上演了一出出逃完婚的剧，为自己赢得了信守诺言的美誉，这也是后来将士们愿意追随他的重要原因。

当凯撒搬开了第一个巨大压力后，他又用了足足38年的时间，一步步从军营、战场走向政坛，而在这个过程中，他时刻都要对抗难以计数的压力。在与压力抗衡的过程中，凯撒没有浪费时间去烦恼，而是把越来越沉重的压力变成动力，他不断挖掘自己的各种优势，包括发挥他的军事才能，并用他英俊的容貌、机智的谈吐以及坚毅镇定的心志博得大家的重视，彻底扫除拦在成功前面的障碍。

美国前总统华盛顿说："一切和谐与平衡，健康与健美，成功与幸福，都是由乐观与希望的向上心理产生的。"不因压力而放弃既定的目标，这是凯撒取得辉煌成绩的原因之一。

明知道压力不可能消失，整天妄想没有压力的生活无疑是给自己心里添愁。

其实，遭遇压力时最聪明的做法就是赶紧跳出来，分析自己的压力来源，思考如何将它转变成有效的动力。

压力太大，容易让人一蹶不振；压力太小，则容易让人滋生惰性。

适度的压力，不仅能让人保持清醒和活力，还能让人产生自我认同的心理。

拿拳击比赛来说，有经验的教练都会帮选手挑选实力差不多、刚好可以刺激选手斗志的陪练进行训练，让选手可以在每一次比试中慢慢地进步。因为有外来的刺激，选手不会有停滞不前的困惑,也不会盲目自信,如此他们才能通过不断克服压力,逐渐提升自己的实力。

既然压力人人都有,无法完全消除,那么,我们不妨利用压力来改变我们的生活,创造出一个自己想要的结果。诗人歌德说:"大自然把人们困在黑暗之中,迫使人们永远向往光明。"

20世纪最伟大的喜剧演员卓别林出生于演员世家,父母因感情不和而离异。当卓别林身体虚弱的母亲在一次演唱中遭到观众喝倒彩,即将失去她唯一的经济来源时,小卓别林却意外地被带到台上代替母亲继续演出。没想到,卓别林虽然是初次表演,却十分冷静,他故意装出和母亲一样的沙哑歌喉来演唱,最后竟意外得到了观众的认可,赢得热烈的掌声。虽然这个压力来得很突然,但卓别林却能及时解除。这次的表演,无疑是他成功的第一个信号。拿破仑曾说:"最困难之时,就是离成功不远之日。"从那以后,尽管生活还是无比艰难,但卓别林却认识到自己在舞台上的魅力,他忘记了那些贫苦、抱怨,一次次认真学习表演的技巧。

1925年,卓别林完成了描写19世纪末美国发生的淘金狂潮长片《淘金记》,奠定了他在艺术界的地位。但是压力并不因为成功的到来而却步,由于有声电影兴起,逐渐取代了传统的默片,卓别林的日子又逐渐变得非常难熬,不仅要面对事业的没落,还要承受母亲去世的悲伤,还有和妻子沸沸扬扬的离婚案,以及电影《城市之光》的停停拍拍及放映权的谈判……重重压力下,让一贯以喜剧角色出现在世人面前的卓别林仿佛苍老了20岁,一缕缕白发悄悄渗出。

当卓别林有一天突然意识到自己的颓丧于事无补时,他决定放下压力,横渡大西洋展开一次欧亚之旅,既是散心,又可以趁机为新片做宣传和吸收新知。

卓别林用了很长一段时间才让自己在压力中恢复了工作激情,最后他终于重拾风采,带着《摩登时代》出现在人们前面,获得了巨大的成功。

每个人在每个时期都会碰到压力。压力来临的时候,我们千万不要退缩、回避,而是应该认真地接受它,找到改善的方法,如此才能把因为情绪所产生的不必要压力统统释放!

用勇气和智慧去正视压力,压力就会变小,事态也会渐渐朝好的方向变换,这就是眼前的大成功。

第三章

当你的努力
还改变不了你的世界时

　　曾看过一篇帖子，"我奋斗了18年不是为了和你一起喝咖啡"。还有一篇，是另一个人3年前写的，"我奋斗了18年才和你坐在一起喝咖啡。"

　　这两个帖子，都说出了不公平的社会现实，触动了无数背井离乡到大都市拼搏的年轻人的心，说出了他们的心声：

　　"为了一些在你看来唾手可得的东西，我却需要付出巨大的努力。"

　　"从我出生的一刻起，我的身份就与你有了天壤之别，因为我只能报农村户口，而你是城市户口。"

　　"我们的考卷一样，我们的分数线却不一样，但是当我们获得录取通知书的时候，所交的学费是一样的。"

"能幸运地在上海找到工作的应届本科生，只有每月2000元左右的工资，也许你认为这点儿钱应该够你零花的了。可是对我来说，我还要租房，还要交水电煤气电话费，还要还助学贷款，还想给家里寄点儿钱让弟妹继续读书，剩下的钱只够我每顿吃盖浇饭，我还是不能与你坐在星巴克一起喝咖啡！"

"创业于你，是可进可退可攻可守的棋，启动资金有三姑六眷帮忙筹集，就算铩羽而归，父母那三室一厅、温暖的灶台也永不落空。失败于我，意味着覆水难收一败涂地。"

"我每月寄1000元回去，承担起赡养父母的责任，你笑嘻嘻地说，养老？我不啃老就不错了；当我思考着要不要生孩子，养孩子的成本会在多大程度上折损生活品质时，4个老人已出钱出力帮你抚养起独二代；黄金周去一趟九寨沟挺好的了，你不满足，你说德国太拘谨，美国太随意，法国才是你向往的时尚之都。"

……

生活中存在很多不公平、不合理的差别，给草根一族带来巨大的生存压力。城乡差别，个人出身的差别，个人天赋的差别，偶然运气上的差别……有的人生在有钱人家，毕业了可以无所顾忌地潇洒,有的人父母都是下岗工人,没毕业就为生活担忧;有的人天资聪慧,新东西一学就会,有的人就是反应迟钝,半天都不明白简单的原理;有的人身高体壮,有的人身材瘦小;有的人沉鱼落雁,有的人面相不佳……

可以说,不公平、不合理的差别,每个人都会遭遇不少,可能因此更加艰难。就像前面的一句话,"为了一些在你看来唾手可得的东西,我却需要付出巨大的努力"。更重要的是,不公平、不合理的现象难以消除。

我不想为不公平、不合理的社会现象去开脱。我只想告诉青年朋友们,当你的才华还撑不起你的梦想时,你我都必须正视这个现实,必须抛弃幻想!请记住,尽管成事在天,毕竟还有谋事在人。

1.谁都甭想从卧室一步爬到天堂

渴望成功的心态谁都能理解,但是你要明白,成就一番事业并不容易,不要一开始就盯着成功不放,做事若急于求成,就会像饥饿的人乍看到食物,狼吞虎咽地吞食,反而会引起消化不良。

虚尘禅师以佛法度众,为人谦厚,深得民众拥戴,他每每开坛讲法,都听者众多。

有一天,一位商人向虚尘禅师发火:"我听了你的弘法后,诚信经营,薄利多销,顾客在逐渐增多,但为什么我的收入还是不能增加呢?"

禅师不急不躁,他微笑着对这位商人说:"有一棵苹果树,它接受了阳光、雨露、养料,春天花开,夏天结果,秋天成熟。成熟的时候,并非所有的苹果都会同时成熟。有些苹果早已熟透了,而有的苹果依旧青青待熟,并非它不会成熟,只是时间还没有到而已。"

商人醒悟过来,他明白要想有大成就要慢慢积累。向禅师道歉后,他离开了寺院。

一年后,虚尘禅师收到这位商人的一个大红包。他在信中说自己的生意红红火火,以致没有时间亲自到寺院致谢,只好托人送礼以表谢意。

太想赢的人,最后往往很难赢。太想成功的人,往往很难成功。太想到达目标的人,往往不容易到达目标。过于注意就是盲,欲速则往往不达,凡事不可急于求成。

相反,以淡定的心态对之,处之,行之,以坚持恒久的姿态努力攀登,努力进取,成功的概率却会大大增加。

在山中的庙里,有一个小和尚被派去买菜油。出发之前,庙里的厨师交给他一个大碗,并严厉地警告他:"你一定要小心,最近我们财务状况不是很理想,你绝对不可以把油洒出来。"

小和尚下山买完油,在回寺庙的路上,他想到了厨师凶恶的表情及郑重的告诫,越想越紧张,于是他更加小心翼翼地端着装满油的大碗,一步一步地走在山路上,丝毫不敢左顾右盼。然而天不遂人愿,因为他没有向前看路,结果快到庙门口的时候,踩到了一个洞。虽然没有摔跤,碗里的油却洒掉了三分之一。小和尚懊恼至极,紧张得手都开始发抖,以至于无法把碗端稳。等到回到庙里时,碗中的油就只剩下一半了。

厨师非常生气,指着小和尚骂道:"你这个笨蛋!我不是说要小心吗,为什么还是浪费这么多油?真是气死我了!"小和尚听了很难过,开始掉眼泪。这时,一位老和尚走过来对小和尚说:"我再派你去买一次油。这次我要你在回来的途中,多看看沿途的风景,回来后把你看到的美景描述给我听。"小和尚很是不安,因为自己非常小心都还端不稳,要是边看风景边走,更不可能完成任务了。不过在老和尚的坚持下,他还是勉强上路了。

这次,在回来的途中,小和尚听从老和尚的意见,观察起沿途的风景。这时,他惊奇地发现山路上的风景如此美丽:远处是雄伟的山峰,山腰上有农夫在梯田上耕种,一群小孩子在路边快乐地玩,鸟儿轻唱,轻风拂面……

在美景的陪伴中,小和尚不知不觉就回到庙里了。当小和尚把油交给厨师时,他发现碗里的油还装得满满的,一点儿都没有洒。

急于求成的结果,只能适得其反,结果只能功亏一篑。《拔苗助长》的故事中,农夫急功近利,反而适得其反,使他的苗全部死了,落得一个拔苗助长的笑话。许多事业都必须有一个痛苦挣扎、奋斗的过程,正是这个过程将你锻炼得无比坚强并成熟起来。朱熹说:"宁详毋略,宁近毋远,宁下毋高,宁拙毋巧。"对"欲速则不达"作了最好的诠释。

2.天将降大任于斯人也

判断一个人是否是可塑之才,除了看他的为人处世之道,也要考察他被放任无所事事时的表现。不受重用的时候,不要灰心丧气,更不要自暴自弃,这是我们养精蓄锐的最好时机。等我们的能力强化了,便能在机会来时一手抓住。

正如一位哲学家所言,当上帝关上一扇门时,会为你另外打开一扇窗。在这个变幻无常的世界上,没有永远不变的劣势与优势,正所谓"三十年河西,三十年河东",就像红楼梦里的四大家族一样,曾经煊赫一时,可是也有"家败凋零"的时候。同理,无论你现在多落魄,也绝不要随便贬低自己,永远不要放弃自己,只要你善于思考,保持积极向上的良好心态,看上去不可逆转的劣势或许会为你叩开下一扇成功之门。

鲨鱼一向是杀手的代名词,令人闻之色变。然而,在很久很久以前,鲨鱼是海洋里唯一没有鱼鳔的鱼。鱼鳔可以说是鱼的生命,如果没有鱼鳔,鱼就不能任意地在水中上浮和下沉。所以,没有鳔对鲨鱼来说是个巨大的劣势,它只能不停游动才能保证自己的身体不沉到水底。可也正是由于鲨鱼不停地游动,造就了它强健的体魄、敏捷的身手、锋利的牙齿,使它成为海洋中的霸主。

谁都渴望人生是一望无际的草原,是一马平川,那样我们就可以在上面任意驰骋,挥洒自己的理想。但这只是我们的一厢情愿,曲折才是人生的常态,上帝不会随随便便就把你想要的东西给你。人生的路上总会遇上一些不顺心的事,这时,人们可能会埋怨上天不公平,抱怨社会的黑暗,感叹自己命运的多舛,于是否定自己,放弃自己,觉得自己注定不会有出人头地的机会了。其实,这一切都是人生的常态,人生不可能是一帆风顺的。

对于世间万物,上帝的态度都是公平的:穷人很穷,可也有穷人的快乐;富人有钱,可也有富人的麻烦。一个障碍,的确让人痛苦,可反过来想,这也是一个新的已知条件,只要你愿意,有决心,任何一个障碍,都会成为一个超越自我的契机,一个改变劣势的转折点。关键的是如何去面对困境,如何在困境中调整心态,将困境转变成力量之源。

就拿职场来说吧,很多时候,我们都会遇到坐冷板凳的情况,不被上司器重,没有施展才华的舞台。处在这样被冷落的位置上,很多人难免会自怨自艾、沮丧失落。在这种困境面前,一时的低落很正常,但要想更快地从中走出,更重要的是去冷静思考,寻找原因。其实只要我们借此机会,调整好自己的心态,养精蓄锐,厚积薄发,把冷板凳坐热,当时机成熟时,就能有突破性的成绩。

在职场上,我们都希望成为公众注目的焦点,能够呼风唤雨、叱咤风云,谁也不希望被罚坐冷板凳,不甘于寂寞的我们,是不是有点太急于成功了?必须承认的是,在特定环境里,不可能所有的人都能成为主角,我们何不将冷板凳看作机会?它能够让你避开组织内部勾心斗角的最大风险,与其急于表现自己,不如暂时收敛锋芒,把一时的孤寂当作老板或上司有意地考验我们的表现。

天将降大任于斯人也,必先苦其心志,劳其筋骨,饿其体肤。想要成就一番事业必须有接受挑战的勇气、解决困难的魄力,同时还要有身处孤寂的耐力。

我们要保持容宽、积极向上的心态。在言谈举止中,要表现出自己淡定的风度,培养自己把冷板凳坐热的耐心,把它当作一个磨炼意志、休养生息、提高个人能力的机会。

有一天,农夫的一头驴不小心掉进一口枯井里,农夫绞尽脑汁,想把它救出来,但是几个小时过去了,农夫还是没想到好的办法,驴在井里痛苦地哀嚎着。最后,这位农夫决定放弃,他不愿意再大费周章去把它救出来,于是便请来左邻右舍帮忙一起将枯井中的驴埋了,以免除它的痛苦。农夫的邻居人手一把铲子,开始将泥土铲进枯井中。

当众人铲进井里的泥土落在驴子的背部时,驴的反应出奇的冷静和理智,它没有让泥土将自己掩埋,而是将泥土抖落在一旁,然后站到铲进的土堆上面,将这些泥土踩实。就这样,驴将大家铲在它身上的泥土全数抖落在井底,然后再站上去。很快,随着脚下泥土不断加高,这头驴成功地上升到井口,重获自由。

有时候我们就像那头驴一样,在漫漫的生命旅程中,会遇到诸多磨难,难免会陷入"枯井"的困境当中,可能还会被各种外在施加的泥沙覆盖。这时的我们不要自暴自弃,也不必怨天尤人,而是应该以一种正确而积极的态度去应对。即便是在"枯井"里面,我们也不要哭泣,想要摆脱困境,只有将泥沙抖落掉,把此作为成功路上的垫脚石,在困境中破茧成蝶。

3.从不仰望星空的人，走路就不会跌进坑里

生活当中总不乏有人在做事前先要费尽心思地盘算能不能偷工减料，能不能找到解决问题的小窍门、小技巧，甚至不惜损害他人的利益来达到自己的目的。这些人总以为自己很聪明，可事实证明，越是自作聪明的人，越是"聪明反被聪明误"。

人若有些小聪明是好事，但是不应当将所有的希望、事物的成败都寄予在我们的"小聪明"上，更多的时候，我们需要的是脚踏实地地去做，去努力，而不是依靠投机取巧。

世界上最伟大的哲学家之一柏拉图正和他的学生走在马路上。这名学生是柏拉图的得意弟子之一。他很聪明，总是能在很短的时间之内领会老师的意思；他很有潜力，总是能提出一些具有独特视角的问题；他也很有理想，一直希望自己能够成为像老师一样伟大，甚至比老师还要博学的哲学家。所以他常常自视聪慧，不愿意在学识上多下功夫，自认为聪明能敌过他人的努力。

但是柏拉图认为他还需要生活的历练，还需要更加刻苦。柏拉图曾经语重心长地对这名学生说过一句话："人的生活必须要有伟大理想的指引，但是仅有伟大的理想而不愿意脚踏实地，一步一个脚印地朝着理想奋进，那也就不能称为完美的生活。"

这名学生知道老师是在教导自己要脚踏实地，但他认为自

己比别人聪明,总能用一些技巧轻易地解决问题,自己的理想也比别人的更加伟大,所以只要自己想做的,总能轻易地取得成功。

柏拉图也相信这名学生能够做出一番大事业,但是这名学生却只看到大目标而不顾脚下道路的坎坷以及自身的缺点。柏拉图一直想找一个合适的机会让学生自己意识到他的这一缺点。一天,柏拉图看到他们前面的不远处有一个很大的土坑,这个土坑周围还有一些杂草,平常人们只要稍加注意就可以绕过这个土坑,但柏拉图知道他的学生在赶路时经常不注意脚下。于是,他指着远处的一个路标对学生说,"这就是我们今天行走的目标,我们两个人今天进行一次行走比赛如何?"学生欣然答应,然后他们就出发了。

学生正值青春年少,他步履轻盈,很快就走到了老师的前面,柏拉图则在后面不紧不慢地跟着。柏拉图看到,学生已经离那个土坑近在咫尺了,他提醒学生"注意脚下的路",而学生却笑嘻嘻地说:"老师,我想您应该加快您的速度了,您难道没看到我比您更接近那个目标了吗?"

他的话音刚落,柏拉图就听到了"啊"的一声叫喊,学生已经掉进土坑里,这个土坑虽然没有让人受重伤的危险,但是它却足以使掉下去的人无法独自上来。

学生现在只能在土坑里等着老师过来帮他了,柏拉图走过来了,他并没有急着去拉学生,而是意味深长地说:"你现在还能看到前面的路标吗?根据你的判断,你说现在我们谁能更快地到达目的地呢?"

聪明的学生已经完全领会了老师的意思，他满脸羞愧地说："我只顾着远处的目标，却没走好脚下的每一步路，看来还是不如老师呀！"

一个人拥有智慧的头脑是值得骄傲的，但是聪明并不代表着一切，聪明是天赋，是先天的优势，但是成功却等于1%的天赋加上99%的汗水。倘若你比他人有天赋，那说明你比他人离成功更近，你有更多的资本走上成功的捷径。但并不代表着成功，如果仅仅想要依靠聪明天赋来成就一番事业，而不愿意脚踏实地、勤奋努力地做事，那即使有再高的天赋也是无用的，因为成功还必须有付出和努力。

聪明也并不代表智慧。很多人在不同的方面都有些小聪明，但真正有大智慧的人却寥寥无几。

莎士比亚提醒我们，千万不要自作聪明，变成"一条最容易上钩的游鱼"，"用自己全副的本领"来"证明自己的愚笨"。正如同上面故事中的主人公一样，自视聪明，不遵守应有的规则制度，认为自己的方法比别人便利，节省了更多时间，结果却是小聪明把自己送上了绝路。

因为真实的情况是，一个人如果把心思过多地用在小聪明上，他必定没有精力去开发和培植他的大智慧。聪明和智慧是两个不同的概念，智慧有益无害，聪明益害参半，把握得不好的小聪明则贻害无穷。

拥有太多小聪明的人，往往都将小聪明用于追逐眼皮底下的急功近利，看不到长远的根本利益。相反地，具有大智慧者很少在众人面前炫耀自己的聪明才智，他们更不会自作聪明地干一些实际上愚蠢至极的事情。真正的聪明者不需要通过投机取巧来加以表现，自作聪明者常常反被自以为是的小聪明所累。

　　从前有个小男孩，非常聪明，但在长久的夸奖声中，他渐渐地开始偷懒，想靠投机取巧来获得成功。

　　这天，小男孩有幸和上帝进行了对话。

　　小男孩问上帝："一万年对你来说有多长？"

　　上帝回答说："像一分钟。"

　　小男孩又问上帝："一百万元对你来说有多少？"

　　上帝回答说："相当一元。"

　　小男孩对上帝说："你能给我一元钱吗？"

　　上帝回答说："当然可以。请你稍候一分钟。"

　　一位哲人说过："投机取巧会导致盲目行事，脚踏实地则更容易成就未来。"

　　我们的成功需要智慧，更需要脚踏实地地付出，投机取巧走捷径或许在一时能得到好处，但是因为没有厚实的基础，脚步太过于轻快，导致的结果只会是在长途跋涉中落后于别人。作为一个渴望获得成功的人来说，我们的眼光永远看向前方，但是前进的道路却在我们脚下，只有实实在在地走好每一步，才能走得更远。

世界上绝顶聪明的人很少,绝对愚笨的人也不多,一般都具有普通的能力与智商。但是,为什么许多人都无法取得成功呢?

一个最重要的原因就在于他们习惯于投机取巧,用小聪明来替代所必须付出的心血,不愿意付出与成功相应的努力。人们都懂得"宝剑锋从磨砺出,梅花香自苦寒来"的道理,可是一旦摊上自己做事,马上就又恢复到"投机取巧"的"捷径"上来了。

投机取巧会使人堕落,无所事事会令人退化,只有勤奋踏实地工作才是最高尚的,才能给人带来真正的幸福和乐趣。成功者的秘诀就在于他们能够摒弃"投机取巧"的坏习惯,无视那些小聪明,用自己的努力开创属于自己的辉煌。

"机关算尽太聪明,反误了卿卿性命。"聪明是好事,但要用在适当的地方,才能显示出其真正的价值,想投机取巧、不劳而获,聪明只能把你带入失败的深渊。

4.如果你没有10米跳台,那么就从1米跳台跳起

有千千万万的人开始时都做着微不足道的工作,每天晚上都会设想自己成功的无数种可能,但是,他们总是抱怨自己生不逢时,没有一份前途光明的工作,没有一个可以发展的平台,没有贵人相助……殊不知,每个成功人士何尝不是从基层做起的呢?

人生有无数种开始的可能,同样,结果也有无数种可能。现在的强者,何尝不是曾经的弱者?事实上,几乎所有的成功人士、所有的社会人,在刚开始工作的时候,没有一个不是从卑微的工作岗位做起的,这几乎是成功的定律和真理!

现在有很多有抱负的年轻人都希望通过自己创业,获得人生事业的成功,成为一个家财万贯的成功人士。可是,我们很多人没有骄人的家庭背景,没有资金,也没有丰富的人脉资源……我们的起点可能会很低,但这并不意味着我们不能成功。每个成功人士的起点都很卑微。

但是,"卑微"是指工作岗位的不起眼,而不是说人格要卑微。也就是说,我们从事的可能是一个非常不起眼的、不重要的职位,但是这并不意味着我们要低人一等。没有人可以一步登天,每个人都必须从卑微做起。

很多成功人士给我们做了榜样。

御手洗,佳能公司的开创者之一,他的第一份工作是北海道大学附属医院妇产科助手;台湾商界巨人王永庆,是从茶楼跑堂做起的;戴尔公司的创立者迈克·戴尔的第一份工作还和中国有点儿关系,他在一家中国餐馆当过小工……

就拿民营企业来说,很多老板的起点都很低,他们没有值得炫耀的第一份工作,跟大多数人一样,也没有让人羡慕的后台靠山。鲁冠球,浙江万向集团主席,他的第一份职业是打铁;徐文荣,横店集团董事长,李如成,雅戈尔集团总裁,都是农民出身;

邱继宝,飞跃集团董事长,南存辉,正泰集团股份有限公司董事长,他们是摆摊修鞋出身;胡成中,中国德力西集团董事局主席兼总裁,曾是一介裁缝;郑元豹,人民电器集团董事长,13岁开始打鱼赚钱,17岁时又改行去打铁,后来又当了工人;郑坚江,奥克斯集团董事长,曾是一名汽车修理工;汪力成,华立集团董事局主席,曾是丝厂临时工……

看到了吧?很多我们所熟悉的成功人士,都是从"卑微"干起的。他们也没有通向成功的直达"电梯",只能是爬楼梯,一步步爬向成功的方向。可是他们最终成功了,无数的卑微成就了伟大,这就是成功的奥秘。

一个妙龄少女来到东京帝国酒店当服务员。这是她的第一份工作,因此她很激动,同时她也暗下决心:一定要好好干!以自己的能力一定可以干得很好。可是令她想不到的是,上司竟然安排她去洗厕所!

洗厕所!别说一个正值妙龄的女孩子,就是普通男人也不愿意干,没听过有哪个人兴高采烈地说:"我爱洗厕所!"洗厕所不论是在视觉上、嗅觉上以及体力上都让一个人难以接受,那种来自心理作用的反感更是让人忍受不了。

所以,当这个女孩子用自己细嫩的手拿着抹布伸进马桶时,胃里立刻翻江倒海,恶心得几乎呕吐出来。而上司对她的要求特高:必须把马桶抹洗得光洁如新!她当然知道"光洁如新"意味着什么,她也知道自己可能根本做不到这一点,她适应不了洗厕所的工作。因此,她很苦恼,也有些困惑,究竟是硬着头皮干下去?还是知难而退呢?

但是这个女孩子非常要强,她不甘心。正在她彷徨之际,一位前辈用实际行动帮她摆脱了困惑,也帮助她认清了以后的人生之路应该怎样去度过。

这位前辈是怎样做的呢?他不像其他人那样喋喋不休地讲一堆大道理,而是亲自动手示范给她看。他开始认真地洗马桶,一遍又一遍,不厌其烦,那认真而又小心翼翼的态度,会让人以为他是在擦一件名贵的瓷器,而不是一个普通的马桶。也不知擦了多少遍,马桶真的是光洁如新了!

更让人震惊的是,这位前辈竟直接从马桶里舀了一杯水,然后一饮而尽!

自此,这个女孩子像换了个人似的,她不再苦恼、抱怨,每天都怀着愉快的心情洗厕所,工作质量完全达到了上司的要求,并且为了证实自己的敬业心,她多次喝过马桶里的水,以此来激励自己。

人生的第一步她走得非常漂亮,从此不断走向成功的顶点。几十年过去了,这个女孩子早已离开了东京帝国酒店,如今她已是日本的邮政大臣,她的名字就是野田对子。她经常说起她洗厕所的经历,如果没有那样的磨炼,她不会有今天这样的成功。

人生之路必然是荆棘满地。想成功的人很多,但其中很多人却缺乏行动的勇气和面对困难继续坚持的毅力。有千千万万的人开始时都做着微不足道的工作，每天晚上都会设想自己成功的无数种可能，但是，他们总是抱怨自己生不逢时，没有一份前途光明的工作，没有一个可以发展的平台，没有贵人相助……因此，他们天天向旁人倾诉着自己无比远大的理想，却每天重复着自己一成不变的工作和工作态度。

5.走的不是弯路，只是多看了一段风景

正如品惯了茶或咖啡的人会主动要求品尝茶或者咖啡一样，品惯了人生苦味的人，也能够从中品尝出无上的快乐。每个人都希望自己的人生一帆风顺，但这样的人生轨迹并不存在，弯路走得多了，放开心态，也能在弯路上多看一段风景。

面对生活中的弯路，我们需要"想得开"。想得开是天堂，想不开是地狱。我们选择自己的职业，选择自己的人生轨迹，都是出于向阳的心态，但是，职业做了几年，可能发现选错了，走了几年路，发现路是弯的，然而，回头看看，我们真的白白浪费了光阴吗？

终有一天，当我们站在人生的下一个站台回望，所有曾经承受的委屈和压力都将释然，我们会发现，那些我们所走过的弯

路,让我们学到了如何应对人生,如何面对挫折,如何发挥潜能、全力以赴。走过弯路后,我们发现,是弯路让我们的人生拥有了更多的可能。

蓉蓉很特别,有很多优点,会弹钢琴,唱歌也好听。可是优秀的她高考失利了。每个人都曾以为她能够考上复旦大学,但是她的分数只能够去一个不知名地方的医科大专。

她曾一度非常沮丧,但她从来没有抱怨过生活,始终从自己身边学习美好的东西。后来,她去医院实习,给断掉的骨头上石膏,后来还可以做开腔手术大夫的助手。再后来,她考上了法律的本科,从专科升为本科,从零开始。

她从不讨厌自己眼下的工作,但是她有更高的梦想和目标。蓉蓉读法律本科很顺利,可她从律师事务所辞职去黑龙江支教去了。她热爱自由而踏实的生活,她并没有走上所谓的成功之路,虽然这对一个律师而言似乎更容易些。

蓉蓉后来又去了加拿大读大学,关于教育和非营利公益组织的管理。她那么热爱人生的多样性,是我这个从来顺利的人无法体会到的。

她对人说:"走的不是弯路,而是多看了一段风景。"

生活的强者,只关乎心灵。塞涅卡曾说:"没有谁比从未遇到过不幸的人更加不幸,因为他从未有机会检验自己的能力。"如何检验自己的能力呢? 走一段弯路。在弯路中,我们总是在得到与失去的交替中,在渴求与放弃的转变间,经历着痛苦,同时也感受着快乐。

走弯路很苦,其实苦的另一面是一种恩赐,因为伴随苦难而来的往往是一种超乎常人的坚强与不屈,而这种精神才是人生在世最为宝贵的财富。

从一个一掷千金的大商人,变成一个家徒四壁的穷光蛋,洛克在经历了破产的遭遇后,深切体会到生活的冷酷无情,他心灰意冷,萌生了结束生命的想法。

洛克回到了承载着他童年美好时光的乡间小镇,也许这里才是离上帝最近的地方,洛克很想质问上帝,为何偏偏选中他来承受命运的作弄?

走累的洛克在一片瓜地旁边小憩,这正是丰收的时节,空气里充盈着香甜的味道。好客的瓜农看到风尘仆仆的洛克,豪爽地请他品尝地里的瓜。

瓜农开始喋喋不休地对洛克讲述,前几年收成如何不好,总是遇到天灾虫患,甚至突如其来的一场霜冻,让即将收获的成果毁于一旦,一年的辛勤劳作全都白费了。

洛克感到有些意外,他脱口而出:"收成不好你怎么活下去,赚不到钱耕种还有什么意义?"

憨厚的果农咧嘴一笑:"再怎么艰难不都这样挺过来了?你看,这不是丰收了吗,而且,正是之前的欠收才让这次丰收显得更有意义。"看着这个心事重重的年轻人,果农意味深长地继续说道:"所有的经历都是有意义的，只要你没有放弃继续依靠自己的双手。"

一席话似一阵风吹走了洛克心头的灰尘，让他顿时醍醐灌顶。洛克驱车返回，决定重新来过，5年后他的公司遍及全球，他成了行业内呼风唤雨的人物。而走过的弯路，也成了他人生中最美的回忆，他倍加珍视。

走弯路并不可怕，可怕的是我们纠结的内心，迟迟不能放下。我们都曾暗暗许愿:希望人生之路能够坦荡无阻，希望得到细心体贴的关怀，希望一切烦恼和痛苦都远离我们。然而，我们的愿望没有被满足，我们仍然在红尘中挣扎，生命中那些源于心灵的痛苦时时折磨着我们，让我们不愿意面对，却又无法逃避。

人生路上，有很多的风景。对于很多风景，我们或者无心欣赏，或者根本就错过了，这是一种深深的遗憾。当我们为了接近一个目的，遭遇了困难，甚至付出代价后，是否还能满心欢喜地回忆起沿途的景致? 如果能，我们就是智慧的。

弯路比起星光大道更有意思。且不去说那不寻常的风景，就说脚下的路，因为有了曲折，反而可以考验我们的注意力和脚力，把这作为人生旅途的一次磨砺，不是很好吗?

6.坚持吧,就像从不曾失败一样

人生在世,不可能万事都一帆风顺。当你遭遇到失败时,当一切似乎都是暗淡无光时,当你的问题看起来似乎不会有什么好的解决办法时,你该怎样做呢? 难道你要无所作为,听任困难压倒你吗? 每种逆境都含有等量利益的种子,只要心存信念,勇敢地站起来,总有奇迹发生。

美国作家欧·亨利在他的小说《最后一片叶子》里讲了个故事:病房里,一个生命垂危的病人从房间里看见窗外的一棵树,在秋风中树叶一片片地掉落下来。病人望着眼前的萧萧落叶,身体也随之每况愈下,一天不如一天。她说:"当树叶全部掉光时,我也就要死了。"一位老画家得知后,用彩笔画了一片叶脉青翠的树叶挂在树枝上。最后一片叶子始终没掉下来。就因为生命中的这片绿,病人竟奇迹般地活了下来。

有个年轻人去微软公司应聘,而该公司并没有刊登过招聘广告。见总经理疑惑不解,年轻人用不太娴熟的英语解释说,自己是碰巧路过这里,就贸然进来了。总经理感觉很新鲜,破例让他一试。面试的结果出人意料,年轻人表现糟糕。他对总经理的解释是事先没有准备,总经理以为他不过是找个托词下台阶,就随口应道:"等你准备好了再来试吧。"

一周后，年轻人再次走进微软公司的大门，这次他依然没有成功。但比起第一次，他的表现要好得多。而总经理给他的回答仍然同上次一样："等你准备好了再来试吧。"就这样，这个青年先后5次踏进微软公司的大门，最终被公司录用，成为公司的重点培养对象。

也许，我们的人生旅途上沼泽遍布，荆棘丛生；也许我们追求的风景总是山重水复，不见柳暗花明；也许，我们虔诚的信念会被世俗的尘雾缠绕，而不能自由翱翔；也许，我们高贵的灵魂暂时在现实中找不到寄放的净土……那么，我们为什么不可以以勇敢者的气魄，坚定而自信地对自己说一声"再试一次！"再试一次，你就有可能到达成功的彼岸！

罗尔夫·斯克尼迪尔是享誉全球的制表集团公司的总裁。当人们问及其从事制造高精密度手表多年中最自恃的理念是什么时，他回答道："永不低头，做'失败'的头号敌人。"

向来成功的背后，必是不能自主的挫折，这些对于罗尔夫·斯克尼迪尔亦复如斯，因为他永远踩着比别人更不屈不挠的步伐，失败、跌倒对他来说，只是寻常小事。也正因为如此，罗尔夫·斯克尼迪尔说："我是'失败'的头号敌人，因为我从不轻易放弃任何一件事情与机会，所以也绝不会被失败打倒。"

曾操盘过蜂星电讯100亿资本的女杰李艳，在2003年4月加盟索尼爱立信移动通信产品（中国）有限公司，担任分销管理副总裁。当时，正是整个业界对索尼爱立信质疑最深的时候。这个由两个巨头组成的公司，在成立一年多的时间里，一直在低谷里徘徊。在进入索尼爱立信之后，李艳遇到了平生最大的挑战。就任之后，李艳对原有的索尼爱立信渠道进行了大刀阔斧的改革。

在产品划分上，以前的手机厂商往往按照颜色给分销商划分，而这一次李艳并没有这样做，而是分析两家总代在不同区域的实力强弱而赋予其不同地区的总代权。

此后，李艳将索尼爱立信的销售大区进行了重组，由原来的中、南、西、北四个大区，转化为现在的南、中、北三个区，并将各大区和分销商的责任义务进一步明确。在终端奖励和促销上也有所加强，昔日代理商抱怨的渠道管理不善，"人人管事等于没人管事"的局面就此结束。

2003年，索尼爱立信终于推出了T618、P802这样带有索尼爱立信基因的、时尚精制的产品。改良后的渠道体系，与精美的产品相结合，让索尼爱立信打了一个漂亮的翻身仗。

面对挫折和失败，你需要重整旗鼓，乱中求变。在变的过程中一定会遇到很大的阻力。变有可能成功，也可能不成功，但成功就在你最后坚持的时候。你在怀疑自己的方法对不对的时候，已没有信心的时候，曙光即将出现。真的，坚持到最后一刻，成功就在向你招手了。

7.说"难"前,先问自己是否竭尽全力

遭遇挫折并不可怕,可怕的是因挫折而产生的对自己能力的怀疑。只要精神不倒,敢于放手一搏,就有胜利的希望。但是很多人在困难面前,还没有付出自己最大的努力,便急忙放弃。世上无难事,只怕有心人。只要你有战胜困难的一颗心,就没有什么难的。

我们之所以说一件事情很难,往往是因为我们并没有尽到自己最大的努力!虽然我们嘴上说已经"尽力"了,其实我们的能力还没有发挥出来。之所以说难,只是一种借口而已。

在面对眼前困难的时候,先把"不可能"放到一边,只想自己是否竭尽全力。学会想尽一切办法、尽一切可能去努力解决掉问题。世界上没有"天大的问题",任何问题都会解决,没有天大的困难,只有面对困难时没有尽力造成的遗憾和悔恨。

遇到困难就拿出自己百分百的努力来解决,不要给自己的人生打折扣,如果面对困难的时候打折扣,那么你的成功也会打折扣。

24岁的海军军官卡特,应召去见将军海曼·李科弗。将军让卡特挑选任何他愿意谈论并且擅长的话题,然后将军再和卡特去讨论,结果每次将军都将他问得直冒冷汗。卡特才发现自

己懂得实在是太少了。在谈话结束的时候，将军问他在海军学校的学习成绩怎样，卡特立即自豪地说："将军，在820人的一个班中，我名列59名。"将军皱了皱眉头，问："为什么你不是第一名呢，你竭尽全力了吗？"此话如当头一棒，影响了卡特的一生。此后，他做任何事情都竭尽全力，后来成为美国总统。竭尽全力，就是要把意识的焦点对准如何解决问题，不给自己任何敷衍和偷懒的借口。

士光敏夫是影响日本经济界的人物之一。他在重整东芝公司时，遇到了资金不足的困难。因为当时正处于战后时期，要筹到足够的资金简直难于登天。别说是筹到足够的资金，就是想筹集一小部分的启动资金也是不可能的。他去银行申请贷款，但银行部长却对他爱理不理。经过他不断的努力，部长的态度比以前好些，但对贷款的事情却绝口不提。

但是时间不会停止等待他去筹钱，如果在两天内仍然没有资金投入，公司将不得不全线停工。士光敏夫想了很久，终于决定破釜沉舟，要想尽一切办法迫使部长答应。他让秘书给他拿来一个大包，在街上买了两盒盒饭放在里面，然后提着赶到银行。一见部长，他就开始跟部长谈，希望给他贷款。但对方仍是不答应。双方又展开了一场舌战，不知不觉已经到了下午下班的时间。部长一看下班了如释重负，提起公文包准备回家吃饭。不料士光敏夫却从袋子里拿出盒饭说："部长先生，我知道你工作辛苦了，但是为了我们能够长谈，我特意把饭准备了。希望你不要嫌弃这寒酸的盒饭。等我们公司好转后，我们会再感谢你这位大恩人。"面对士光敏夫这样的执着,部长真是无可奈何。但也正是因为他的这份坚毅,部长最终批准了他的贷款申请。

在面对一些困难的时候,我们往往认为自己尽力了,但实际上我们并没有竭尽全力!所以,面对问题和困难的时候,永远不要先说难,而要先问一问自己是否已经竭尽全力。

难,是我们用来拒绝努力的常用理由。但是,问题真的是那么难解决吗?关键的一点,就是先把"不可能"的想法放在一边。如果将心灵的焦点对准"难",那么大脑也会随后找出千万个理由,证明真的很"难",面对如此"难"的问题很自然就产生畏惧心理,畏惧使人无法冷静地应对问题,甚至导致行动的瘫痪。

所以当你面对困难的时候,先不要问难不难,要把注意力集中在尽力挖掘自己的潜能上,这样更容易解决问题。

第四章

本来可以靠本事的，你非要靠脸

你有没有过这样的感受？清晨，当你站在镜子前面，仔细端详着自己的脸庞，一会儿觉得自己的眼睛小了一点，一会儿又觉得鼻子不够挺拔；你觉得脸上的毛孔太过粗大，甚至还长了几颗小痘痘，你觉得自己的脸庞不够小巧，嘴唇不够性感，身材不够迷人……

相信不少人有过这样的想法，总认为自己处处不如人，于是自惭形秽、悲观失望，连自己都看不起自己，乃至自卑自怜、自暴自弃，不能从容地与人交往，更不能出色地发挥自己的才华和个性。

实际上，每个人都有自己的优势，同样也不可避免地有自己的不足，但是这并不能够成为我们失意的借口。正如美国前总统罗斯福的夫人艾莉诺·罗斯福所说："没有你的同意,谁都无法自卑。"如果你想掌握人生主动权,那么当你对自己有不满、失意感和自卑时,请静下心来认真地检视自己,找到自己的价值所在,并且学会对自己说:"我已经够好了！"

1.没有你的同意,谁都无法自卑

我们每个人都有着胜人一筹的长处或优点,同时也有着不可避免的缺点或缺陷。对于自己的不足,很多人喜欢讳疾忌医,想尽办法来掩饰自己的缺点,自欺欺人。其实,正视自己的缺陷,拥抱自己的缺点,才是对待自身不足的该有的态度。

弗朗克毕业于美国著名的西点军校,他最大的愿望就是成为一名职业军人。可是天不遂人愿,在一次战役中,弗朗克的左小腿被手榴弹的散碎片击伤。为了保住弗朗克的整条腿,医生不得不切除他的小腿,为他装上假肢。之后的很长一段时间,弗朗克一直活在沮丧和痛苦中,因为严重受伤的军人很少再能担负军队的职务。

几年以后,弗朗克要带领一个中队去一处地形复杂的地方演习。上级担心他是否能胜任这项工作，而弗朗克告诉他们说可以，并且说："这甚至可使我与兵士更亲近。如果我的假肢陷在烂泥里了，我会告诉他们，这是由于我没有两条完整的腿。"

如今弗朗克已是名四星级将官了，而且既可以跑步，还能稳稳地骑自行车。他说："失去一条腿，教会了我一个道理，那就是一个人受自己缺陷的限制是可大可小的，取决于你自己如何看待和处理它。关键是应该注意发挥你所具有的长处，而不是老想着你的缺陷。"

正如弗朗克告诉我们的那样，我们不应该把自己的缺点或缺陷当成精神负担，而是应该选择一种乐观、进取的态度去拥抱和接纳自己的缺点与缺陷。现实生活中，只有我们以足够的勇气去面对自己的缺点，拥抱自己的缺点，才能更清楚地了解自己，接纳自己，进而才能扬长避短，为人生的下一个目标扫除障碍。

一些成功者之所以取得成功，就在于他们能正视和拥抱自己的缺点，把缺点转化成优势，把那些在一般标准下的欠缺或不完善变成获取成功的优势。

曾长期担任菲律宾外长的罗慕洛穿上鞋时身高只有1.63米。原先，他与其他人一样，为自己的身材而自惭形秽。年轻时，也穿过高跟鞋，但这种方法终令他不舒服，精神上的不舒服。他感到自欺欺人，于是便把它扔了。后来，在他的一生中，他的许多成就却与他的"矮"有关，也就是说，"矮"倒促使他成功。以至他说出这样的话："但愿我生生世世都做矮子。"

1935年，大多数的美国人尚不知道罗慕洛为何许人也。那时，他应邀到圣母大学接受荣誉学位，并且发表演讲。那天，高大的罗斯福总统也是演讲人，事后，他笑吟吟地怪罗慕洛"抢了美国总统的风头"。更值得回味的是，1945年，联合国创立会议在旧金山举行。罗慕洛以无足轻重的菲律宾代表团团长身份，应邀发表演说。讲台差不多和他一般高。等大家静下来，罗慕洛庄严地说出一句："我们就把这个会场当作最后的战场吧。"这时，全场登时寂然，接着爆发出一阵掌声。最后，他以"维护尊严、言辞和思想比枪炮更有力量……唯一牢不可破的防线是互助互谅的防线"结束演讲时，全场响起了暴风雨般的掌声。后来，他分析道：如果大个子说这番话，听众可能客客气气地鼓一下掌，但菲律宾那时离独立还有一年，自己又是矮子，由他来说，就有意想不到的效果。从那天起，小小的菲律宾在联合国中就被各国当作资格十足的国家了。

由这件事，罗慕洛认为矮子比高个子有着天赋的优势。矮子起初总被人轻视，后来，有了表现，别人就觉得出乎意料，不由得佩服起来，在人们的心目中，他的成就就格外出色，以致平常的事一经他手，就似乎成了破石惊天之举。

的确如此，很多时候，缺陷在一定的情况下很容易转化成优势，帮助自己取得更好的效果。其实，世界上很多成功人士知识和能力上并不高人一等，只是他们能清楚地看清自己的不足和缺陷,然后扬长避短,克服弱点。

生活中,对自己要求苛刻的人绝不在少数。我们要知道,世间万物皆有缺陷,万事都不可求全,所以我们要学会接纳,特别要学会接纳自己。学会接纳自己,最主要的是要懂得接纳自己的缺点。这样,我们才能在平凡的生活中获得快乐。假如我们总是对自己的缺点和事物的不完美斤斤计较,那只会令自己陷入无穷无尽的烦恼之中。

在上帝面前,我们每个人都是独立的,比起接纳别人,我们更难接纳自己。不少人常常抱怨自己做得不够好,不够完美,并为此懊恼、烦忧。面对自己时,常常陷入惧怕和悔恨之中。但我们又不像别的物件,不喜欢可以随时扔掉,讨厌了可以选择不要。我们不可能把自己扔掉,更不可能选择不要自己,除非我们的人生走到了尽头。因此,要摆脱那些因为抱怨不完美、抱怨不够好而带来的烦恼,只能学会接纳自己。

很多时候,如果我们不懂得接纳自己,对自己的不足或事物的缺憾斤斤计较,就会在无意间把这种苛求转嫁到别人那里,导致别人不喜欢我们,进而让我们都对这个世界不满。这是一个恶性循环,一旦我们陷进去,就很难自拔,最终给自己带来无穷无尽的烦恼和伤害、

生活中,假如你一直都无法原谅自己的错误,天天责备自己的不足,那么早晚精神会忧郁、神经紧张,进而影响到自己的身心健康。如此往复,快乐会离你越来越远,你的心情会越来越糟糕。反过来,如果我们正确认识到自己的优、缺点,然后接纳自

己,有一个很好的价值观,以宽容的眼光来看待自己和周围的一切。这样的话,我们就能体味到生活当中那点点滴滴的幸福,进而有一个美好的人生。

没有完美的世界,也没有完美的事物,更没有完美的你。一般来说,对自己严格是一件好事,但如果过于苛责自己,就会把自己逼入痛苦的深渊,久而久之难以自拔。敢于认同自己的不足和缺憾,坦然接纳自己,你就会拥有一个好心情。

2.站着的农夫要比跪着的贵族高大得多

在希腊帕尔纳索斯山南坡上,有一个驰名古希腊的戴尔波伊神庙。在神庙入口的石头上刻着两个词,用现代话来说,就是:认识你自己。

古希腊哲学家苏格拉底经常引用这句格言,后世人们认为这是他讲的话。但在当时,人们则认为这句格言就是阿波罗神的神谕。这其实是家喻户晓的一句民间格言,是希腊人民的智慧结晶,后来才被附会到大人物或神灵身上去的。两三千年前的这句格言直到今天对人们来说还有着同样重要的意义,它时刻提醒着人们认识自我、把握自我、实现自我。

只有当你认识自己之后,你才能客观地评价和正确对待你自己的优点和缺点。你知道自己行为上的不足之处以及情感上的缺陷，才能想方法来克服这些不足——取人之长，避己之短。

19世纪，约翰·皮尔彭特从耶鲁大学毕业，前途看上去充满了希望，然而命运似乎有意捉弄他。皮尔彭特对学生是爱心有余而严厉不足，他很快就结束了做教师的职业生涯。但他并没有因此而灰心，依然信心十足。不久他当了一名律师，准备为维护法律的公正而努力。但他的性格似乎一点儿都不适合这一职业。他认为当事人是坏人就会推掉找上门来的生意，他认为当事人是好人又会不计报酬地为之奔忙。对于这样一个人，律师界当然感到难以容忍，皮尔彭特只好再次选择离去，成了一位纺织品推销商。然而，他好像并没有从过去的挫折中吸取教训。他看不到商场竞争的残酷，在谈判中总让对手大获其利，而自己只有吃亏的份。于是，他只好再改行当了牧师。然而，他又因为支持禁酒和反对奴隶制而得罪了教区信徒，被迫辞职……

1886年，皮尔彭特去世了。在他81年的生命历程中，他似乎一事无成。但是，你一定听过这首歌："冲破大风雪，我们坐在雪橇上，快速奔驰过田野，我们欢笑又唱歌，马儿铃儿响叮当，令人心情多欢畅……"

这首家喻户晓的儿歌——《铃儿响叮当》，它的作者正是皮尔彭特。这是他在一个圣诞节前夜作为礼物，为邻居家的孩子们写的。因为他有着开朗乐观的性格、博大无私的胸怀、纯洁明净的内心，所以才能写出这样一首充满爱心和童趣的优秀作品。

由此看来，皮尔彭特之所以做不成称职的教师、律师和牧师，之所以在这些领域里干得一塌糊涂，就在于他的性格不适合这些职业。而他最适合的职业就是作家。可惜他选错了职业，最后才落得如此结局。

皮尔彭特的故事告诉我们，再贵重的东西如果用错了地方，也只能是垃圾或废物。在人生的坐标系里，一个人占到好地盘，比什么都强。

所以，看看自己的位置错了没有？位置站错了，那么一开始你就错了，如果还要继续错下去，你可能会永久地在卑微和失意中沉沦。

让我们再来进一步探讨。爱因斯坦在科学上的贡献家喻户晓，而在20世纪50年代爱因斯坦曾收到一封信，信中邀请他去当以色列的总统。爱因斯坦毫不犹豫地予以拒绝。他在回信中写道："我整个一生都在同客观物质打交道，因而既缺乏天生的才智，也缺乏经验来处理行政事务及公正地对待别人，所以，本人不适合如此高官重任。"

历史学家认为："爱因斯坦是清醒而明智的，他的智慧和美德不仅在于他发现了相对论，还在于他发现了自己。"

有时一个人竭尽全力去做一件事而没有成功，并不意味着做其他事不会成功。所以在行动之前，先要想一下，如果选择了一条不适合自己的道路，就注定难以成功。

而我们很多人，在人生道路上的错误往往从违背自己的性格时就开始了：售货员想要教书，而天生的教师却在经营着商店；本来只配粉刷篱笆的人却在画布上涂鸦；有人站在柜台后里三心二意接待顾客的同时却梦想着其他职业。一位优秀的鞋匠为自己社区的报纸写了几行诗歌，朋友们就把他称为诗人，于是他竟然放弃了自己熟悉的职业，利用自己并不熟悉的电脑来写作……

难怪美国前总统富兰克林感叹："有事可做的人就有了自己的产业，而只有从事擅长的职业，才会给他带来利益和荣誉。站着的农夫要比跪着的贵族高大得多！"

所以说，决定你是否是最好，既不是物质财富的多少，也不是身份的贵贱，关键是看你是否拥有实现自己理想的强烈愿望，看你的性格优势能否充分地发挥。

人们熟知的一些成功人士，就是因为在普通的岗位上，充分发挥了自己的性格优势，做好自己身边的每一件事，才创造了最好的自己。

1998年5月，华盛顿大学有幸请来世界巨富沃沦·巴菲特和比尔·盖茨演讲。当学生问"你们是怎么变得比上帝还富有的？"这一有趣的问题时，巴菲特说："这个问题非常简单，原因不在智商。为什么聪明人会做一些阻碍自己发挥全部工效的事情呢？原因在于习惯、性格和脾气。就像我说的，这里的每个人都完全有能力获得和我一样的成功，甚至超过我。但是有些人做得到，有些就做不到。做不到的那些人，是因为你自己阻碍了自己，而不是这个世界不让你做到；你自己压抑了自己的性格、扼杀了自己的天赋。一句话,自己挡住了自己的路!"

仔细思考一下,你还在"自己挡住自己的路"吗? 如果是,那么你永远也不可能成功。

正如一位诗人所说:"如果你不能成为山顶上的高松,那就当棵山谷里的小树吧——但要当棵溪边最好的小树。如果你不能成为一棵大树,那就当丛小灌木。如果你不能成为一丛小灌木,那就当一片小草地。如果你不能是一只香獐,那就当尾小鲈鱼——但要当湖里最活泼的小鲈鱼。"

3.我是最杰出的,即使我没有成为最杰出的人

拳王阿里曾说:"我是最杰出的。我甚至在自己还没有成为最杰出的人之前,就经常地对自己说这样的话。"自信是内心里灼热燃烧的火焰,它能照亮前程并释放出巨大的能量,温暖着你的整个心房。想要获得成功的人时刻不要忘记:你认为你行,你就行。

比如你想成为一名出色的管理者,那么从今天开始你就要以一个管理者的心态、思维模式和眼光来学习、来观察、来分析和处理身边的事情与关系,而不是等奋斗快要成功时才来这样做,

要一步到位。这正是"要"当管理者和"想"当管理者的分水岭。

在这个到处充满机遇和挑战的时代，生命的蓝图已不是"我未来要如何如何"的将来进行式，而变成了"我未来如此，现在应该如何"的正在进行式。在这里未来不再是名词，而变成了动词。从现在起，你就是成功者，其中所有的过程都是正确执行成功的程序而已。要知道，刘邦并非是当了皇帝那天才成为汉高祖的，而是当年在乡下看到秦始皇出行队伍的浩荡威仪而发出"大丈夫理应如此"的赞叹时，就开始成为汉高祖了。

因此，一旦你的目标清晰之后，就要认为你已经拥有了它。这样，你就会进入最有效地帮助你实现愿望的状态。机会永远只青睐自信而有准备的人。

自信心是一个人生活并开创事业的支撑力量，没有了这种自信，就等于自己给自己判了死刑。自信是一切成功的基础，也是人们走向成功的第一步，如果你连第一步都无法迈出的话，又何来第二步、第三步及以后的成功。

实业家亨利在自传里曾讲过这样一个故事：那一年，正遇上美国经济大萧条，亨利的企业倒闭了，他负债累累，不得已离开了家人开始流浪。他来到了密歇根湖，想着自己的失败和今后的渺茫，有了轻生的念头。这时，他发现桥墩上散落着几本书，捡起来发现其中有一本书叫《自信心》。因为这本书的名字很诱人，所以他读了下去。看完之后，他急切地想见一见这本书的作者——美国从事个性分析的专家罗伯特·菲利浦。

几经周折，亨利见到了罗伯特·菲利浦。亨利进门打招呼说："我来这儿，是想见见这本书的作者。"说着，他从口袋中拿出那本书，那是罗伯特许多年前写的。亨利继续说："一定是命运之神在昨天下午让我看到这本书的，如果没有它，也许我早已在密歇根湖了此残生了。我已经看破一切，认为一切已经绝望，所有的人(包括上帝在内)已经抛弃了我。不过幸好，我看到了这本书，它使我产生了新的看法，为我带来了勇气及希望，并支持我度过昨天晚上。我已下定决心，只要我能见到这本书的作者，我相信他一定能协助我再度站起来。现在，我来了，我想知道您能替我这样的人做些什么。"

在亨利说话的时候，罗伯特从头到脚打量着他，发现他茫然的眼神、沮丧的皱纹、几天未刮的胡须以及紧张的神态，这一切都在向罗伯特显示，他已经无可救药了。但罗伯特不忍心对他这样说。因此，请他坐下来，要他把他的故事完完整整地说出来。

听完亨利的故事，罗伯特想了想，说："虽然我没有办法帮助你，但如果你愿意的话，我可以介绍你去见一个人，他就在这座大楼里，只有他可以帮助你东山再起。"罗伯特拉着亨利的手，穿过几个楼层引导他来到自己从事个性分析的心理试验室。亨利茫然地看着空无一人的试验室，有些疑惑。这时，罗伯特把他拉到一块看来像是挂在门口的窗帘布之前，然后把窗帘布慢慢拉开，里面露出一面高大的镜子。亨利从镜子里看到自己。罗伯特指着镜子说："就是这个人。在这世界上，只有他能够使你东山再起。除非你坐下来，彻底认识这个人，就当作你从前并未认识他一样。否则,你只能回头选择跳进密歇根湖。因为在你对这个人作充分的认识之前,对于你自己或这个世界来说,你都将是一个没有任何价值的废物。"

亨利朝着镜子走了几步,用手摸摸他长满胡须的脸孔,对着镜子里的人从头到脚打量了几分钟,然后后退几步,低下头,开始哭泣起来。过了一会儿,罗伯特送他离去。

几天后,罗伯特在街上碰到了亨利,他已经不再是一个流浪汉,他西装革履,步伐轻快有力,头抬得高高的,几天前那种衰老、不安、紧张的姿态已经消失不见。亨利非常感谢罗伯特,他说,是罗伯特让他找回了自己,找回了工作。

后来,亨利真的东山再起,成为芝加哥著名的实业家。

看重自己并信任自己,是成功的制胜法宝。

"依靠自己,相信自己,这是独立个性的一种重要成分。是它帮助那些参加奥林匹克运动会的勇士夺得了桂冠。所有的伟大人物,所有那些在世界历史上留下名声的伟人,都因为这个共同的特征而属于同一个家庭。"米歇尔·雷诺茨曾这样说。

一位著名的作家也曾说过这样的话:"自己把自己说服了,是一种理智的胜利;自己被自己感动了,是一种心灵的升华;自己把自己征服了,是一种人生的成熟。"大凡说服了、感动了、征服了自己的人,就有力量征服一切,取得人生的成功。

4.抓住心灵深处那一闪即逝的火花

任何时候,都不要小看你脑子中一闪而过的那些想法,哪怕看起来是荒诞不经的可笑的念头,因为那都是瞬间迸发出的思维火花。

记得《北大往事》里有这样一句话:什么是文科生和理科生的分别,就是文科生踩在银杏落叶上有感觉,理科生则无动于衷——这或许是个笑话,却反映了一种看法。就是许多灵感都产生在"非常"的场合或时间,甚至在梦中。当灵感到来之时,它是这样的强烈而生动;当它离去之时,又是这样的迅速而飘忽!如果不及时抓住,它就会像一只狡猾的狐狸般溜掉。

爱迪生曾经这样呐喊:"一个人应当更多地发现和观察自己心灵深处那一闪即逝的火花。"

关于牛顿与苹果的故事流传很广。1665年,牛顿23岁,在一个美丽的月夜,牛顿正坐在院子里,好像在思考什么。突然一只苹果落到地上,打断了他的思路。爱想、爱问、爱思考的牛顿把思路转向了苹果落地,他想,为什么苹果不能飞到天上去,而是落在地面上?那可能是因为苹果熟透了,它离开了树枝无可依靠才向下面坠落;那可能就是因为大地对苹果有吸引力,所以它才被吸到地面上来。我们人不也是一样吗?地面上的东西不都是一样吗？都是紧紧被地面吸住而不能离开。但是天上的月亮为什么不掉下来呢？它也是挂在空中，无依无靠，是不是也应该落到地上来呢？可事实并不是这样，那是什么道理呢？这一连串的问题叩响了牛顿的心扉，他紧追不放，一定要弄个明白。经过长期的研究，终于发现了自然界最大奥秘之一的万有引力定律。

而有意思的是，在科学界，很多的发现和发明都与梦有关。元素周期表的发现就是一例。

1869年，已经发现了63种元素，科学家无可避免地想到，自然界是否存在某种规律，使元素能有序地分门别类、各得其所？35岁的化学教授门捷列夫苦苦思索这个问题，夜以继日地思考分析，简直是着了迷。一天，疲倦的门捷列夫进入了梦乡，在梦里他看到了一张表，元素纷纷落到合适的格子里。醒来后他立刻记下了这个表的设计原理：元素的性质随原子序数的递增，呈现有规律的变化。

半个多世纪前，日本横滨市有个叫富安宏雄的居民，因患病整天躺在床上，他辗转反侧，难以入眠。一天，他床边的火炉正在烧开水，茶壶盖子上进出白色的水汽，并且发出"咔嗒咔嗒"的声音。富安宏雄觉得那种声音实在不好听，气恼之下，拿起放在枕头边的锥子用力地向水壶投掷过去。锥子刺中了水壶盖子，但是并没有滑落下来。奇怪的是，这样一刺，"咔嗒咔嗒"的声音反而立刻停了下来。他感到很诧异，整个人被这个意外的事实震慑住了。富安宏雄无法入睡了,他开始在床上大动脑筋。以后他亲自试验了好几次,发现当水壶盖上有个小孔,烧开水时就不会发出声音了。于是他琢磨道:"我必须把这项创意好好利用,尽全力让它开花结果才行!"他在拖着病躯奔走了一个月后,其创意终于被明治制壶公司以2000日元买了下来。当时的2000日元约等于现在的1亿日元。

富安宏雄将水开了要响的茶壶变成不响,因而赚了2000日元;我国又有企业家特意将茶壶变成响壶而赚了大钱:某水壶厂厂长听到朋友抱怨烧开水时经常因为忙家务忙其他,而忘记正在烧的开水,他为朋友的水壶加了一个可以被水蒸气吹响的哨子,大受朋友的赞扬。厂长推而广之,将加了哨子的水壶变为"响水壶",大批量推向市场,使工厂成了当地的知名企业。

他们肯定不是第一个发现同样问题的人,但别人抓不住而他们却抓住了。灵感总是来自不经意间,往往又稍纵即逝。如果你足够敏锐,抓住了它"灵光一现"的刹那,也许就能获得意外的惊喜。

比如,一个生动而强烈的意象、观念突然闪入一位作家的脑海,使他生出一种不可阻遏的冲动,想要提起笔来,将那美丽生动的意象、境界移向白纸。但那时他或许有些不方便,没有立刻就写。尽管那个意象不断地在他脑海中闪烁、催促,然而他还是喜欢拖延。而一切逐渐地模糊、退色,终至整个消失!

再比如,一个神奇美妙的印象突然闪电一般地袭入一位艺术家的心灵。但是他不想立刻提起画笔,将那不朽的印象表现在画布上。尽管这个印象占领了他全部的心灵,然而他没有跑进画室,埋首挥毫。最后这幅神奇的图画渐渐地从他的心灵中消失!

陈丹青先生曾经风趣地在北大演讲说:"不同的时代,不同的人,都有不同的理解。也许它只是一个元素的众多同位素,一种单质的同素异形体,一个晶体在阳光下灿烂的色彩,而那元素的名称,那单质的分子式,那晶体的真正结构,永远没有人能够说得清。所以,任何时候,都不要小看你脑子中一闪而过的那些想法,哪怕看起来是荒诞不经的可笑的念头。因为那都是瞬间迸发出的思维火花。"

5.把"尽力做好"改成"尽力去做"

心理学上曾经有一项调查,作为研究工作效果和情绪健康的一个环节,曾向150名每年收入1万至15万元的推销员提出一系列问题,结果发现,他们之中约有40%是属于追求完美的人。可以预料的是,这40%的人所受的压力,比其他那些不追求完美的人要大得多。但他们的成就是否更大呢?

说来奇怪,答案却是否定的。这些追求完美的人生活中显然经常感到焦虑和沮丧,可是没有任何证据显示他们的收入较其他的人为高。

希望取得成功的原因来自我们文化传统中最具有自我毁灭性的四个字,你成千上万次地听到并使用的这四个字——"尽力做好"!这就是渴望取得成功这一心理的根源所在。

"不管你做什么事,尽力做好。"可是,如果一般骑骑自行车郊游,或到公园去随便散散步,又有什么不对的呢?在你生活中,为什么不能仅仅去做一些事情,而并不"尽力做好"呢?

"尽力做好"这种误区心理会使你既不能尝试新的活动,也不能欣赏目前的活动。

有一位女学生,名叫卢安。她满脑子都是想要成功的思想。她是个标准的全优生,踏进校门以来就一直如此。她每天花大量的时间拼命读书、做作业,因而没有时间过自己的生活。她简直就是一架储存书本知识的计算机。可是,卢安非常羞于和男孩子接触,长到这么大还从未同男孩子拉过手,更别说约会了。

尽管她是个出类拔萃的优等生,但她却缺乏内心的安宁,而且实际上非常不幸福。在询诊之后,她开始重视自己的情感,她用学习课程的顽强精神来学习新的思维方法。

一年之后,卢安的妈妈说她女儿在英语考试中,考了有生以来第一个60分,她非常担心。但心理医生告诉她,这是件大好事,说明她女儿在其他方面开始有所用心,说明她在全面发展,当妈妈的应该带她到饭馆里好好庆贺一番。

实际上，追求完美的人由于经常遭遇到挫折和压力，因此可能降低他们的创作能力和工作效果。

当然，不重视素质的人根本就难以获得真正的成就，但"追求完美的人"却强迫自己勉力达到不可能的目标，并且完全用成就来衡量自己的价值。结果，他们便变得极度害怕失败。他们感到自己不断受到鞭策，同时又对自己的成就不满意。事实证明，强逼自己追求完善不但有碍健康，还会引起像沮丧、焦虑、紧张等情绪不安的症状，而且在工作效果、人际关系、自尊心等方面，亦会自招失败。

我们必须研究一下，为什么追求完美的人特别容易情绪不安，为什么他们的工作效果会受到损害？其中一个原因就是，他们以一种不正确和不合逻辑的态度看人生。

追求完美的人最普遍的错误想法，就是认为不完美便毫无价值。譬如说，一个每科成绩都取得甲等的学生，由于在一次考试中有一科拿了乙等成绩，因而大感沮丧，认为那就是失败。这类想法引致追求完美的人害怕犯错，而且一旦犯错后又作出过分的反应。

他们的另一个误解是相信错误会一再重复。认为"我永远都不能把这件事做对"。追求完美的人不会自问能从错误中学到什么，而只是自怨自艾，说"我真不该犯这样的错，我绝不能再犯了！"这种自责态度导致产生一种受挫和内疚的感觉，反而会使他们重复犯同样的错误。

为了帮助追求完美的人戒除这个心理习惯，一位心理学教授作了一个尝试。教授首先请他们列出追求完美的好处和弊端。

　　一名法律系学生只举出一个好处："这样做有时会得到优秀成绩。"

　　接着她列出六个弊端："第一，它令我神经非常紧张，以致有时连普通成绩也拿不到；第二，我往往不愿冒险犯错，而那些错误却是创作过程中所必然会发生的；第三，我不敢尝试新的东西；第四，我对自己诸多苛求，令生活失去了乐趣；第五，由于总是发现有些东西未臻完美，因此我根本不能松弛下来；第六，我变得不能容忍别人，结果别人认为我是个吹毛求疵者。"

　　根据这个利弊分析，她终于认为若放弃追求完美，生活可能会更有意义和更有成就。

　　是的，事事追求完善，都要拼命做好，这会使你自己陷入瘫痪状态。不要让尽善尽美主义妨碍你参加愉快的活动，而仅仅成为一个旁观者。你可以试着将"尽力做好"改成"尽力去做"。如果你为自己制定尽善尽美的标准，那么你便不会去尝试任何事情，也不会有多大作为，因为尽善尽美这一概念并不适用于人，它也许只适用于上帝。因而你作为一个人，不必以这个标准来衡量自己的行为。

　　你如果有孩子，不应要求他事事都要努力做好，因为这种要求会使孩子产生精神瘫痪的怨恨情绪。"尽力去做"要比"尽力做好"更为重要。例如，应该教孩子打排球，而不是让他们站在一旁说"我不行"。只要孩子喜欢，就应鼓励他们去滑雪、唱歌、画画、跳舞等，而不应仅仅因为他们可能做不好某件事就不让他们去做。不要教孩子去竞争、去努力甚至去尽力做好。相反，在孩子重视的那些活动方面培养他们的自尊、自豪和兴趣。

如果你将自己的价值与成败等同起来，必然感到自己是毫无价值的。

想一想托马斯·爱迪生，如果他以某项工作的成败来衡量他的自我价值，那么他在第一次试验失败之后就会认输，就会宣布自己是个失败的探索者，并停止用电灯照亮世界的努力，然而他并没有认输。失败是成功之母，它可以激励人们去努力、去探索。如果失败指出了成功的方向，人们甚至可将其视为成功。假如你目标切合实际，那么，通常你的心情会较为轻松，行事也较有信心，自然而然便会感到更有创作力和工作成效。

你也可能用反躬自问的方式来抗拒追求完美的思想，例如，"我从错误中可以学到什么?"你可以做个试验，想想你犯过的一项错误，然后把从中得到的教训详细列出来。千万别放弃犯错的权力，否则你会失去学习新事物以及在人生道路上前进的能力。

正如一位作家所说的那样："我最近修改了一些名言，其中之一便是将'一事成功，事事顺利'改为'一事成功，事事失败'，因为我们从成功中学不到任何东西。唯一给我们以教益的便是失败。成功仅仅坚定我们信念。"我们不是鼓吹放弃努力奋斗，不过，事实上你也许会发现，在你不是追求出类拔萃成就而只是希望有确实良好的表现时，反而可能会获得一些最佳的成绩。

6.给潜意识输入正面的指令

一个强有力的思想自然而然就会让我们行动起来，只要你是很认真地在考虑一个问题，你的行动就会自动帮助你完成这件事。

日本首富孙正义两三岁的时候,他的父亲一再告诉孙正义:"你是天才,你长大以后会成为日本首屈一指的企业家。"

在孙正义6岁的时候，他就这样跟别人作自我介绍:"你好,我是孙正义,我长大以后会成为日本排名第一的企业家。"孙正义每一次自我介绍都加上这一句话，直到他后来成为日本首富。

孙正义给自己制定的个人蓝图:

19岁规划人生50年蓝图。

30岁以前,要成就自己的事业,光宗耀祖!

40岁以前,要拥有至少1000亿日元的资产!

50岁之前,要做出一番惊天动地的伟业!

60岁之前,事业成功!

70岁之前,把事业交给下一任接班人!

他是这么规划的,也是这样实施的,并且最终这位后来的日本首富成功做到了。

当然了,这并不是"魔法",你肯定不能仅仅通过幻想就得到物质财富、实现个人理想,你还需要实际的行动。但在付出同样努力的情况下,如果你善于关注,那么实现你理想的未来的可能性就会增大。

曾经有位记者在乡下遇到一位正在山坡放羊的少年,于是有了下面的对话:

记者:为什么要放羊?

放羊娃:放羊为了卖钱。

记者:为什么要卖钱?

放羊娃:卖钱为了娶媳妇。

记者:为什么要娶媳妇?

放羊娃:娶媳妇为了生个娃。

记者:为什么要生个娃?

放羊娃:生个娃以后好接着放羊啊!

也许看完这个故事大家都会会心一笑,笑这个孩子和他的下一代都是周而复始地生活,没有大志向,也没有改变自己生活的想法。

从这个角度来说,由于他生活在条件艰苦、信息闭塞的农村,他所关注的主要是放羊,于是就吸引了他所关注的条件,使其变成现实,他的生活也就坠入了这样一个循环。俗话说,煎饼再大也大不过烙饼的锅,这个孩子生活在那样一个环境,他的想法就大部分都是围绕着放羊。他基本上不会有成为篮球明星去打NBA的想法,更不会有成为电脑专家去研发芯片的理想,因为他每天关注的是哪里草多好放羊,哪天天气不好要去打草。

这个故事从反面说明,你所关注的,在很大程度上就可能变成一种现实。

如果没有人去打扰,放羊娃也许会继续过着他所说的理想中的生活:放羊、卖钱、娶媳妇、生娃、让娃接着放羊。他的这个理想很容易实现,而且也很容易坠入一个循环。但是如果这位记者告诉他,山的外边不仅是山,还有更多梦想,那么这个孩子就可能变成另外一个他想变成的人,过上他所希望的另外一种生活。由此可见,意识总是在所要发生的生活之前产生,从而吸引我们关注的生活的到来。

努力从正面的角度看待事情,会吸引你的成功条件,想什么也就真的会得到什么。例如:我们渴望财富,就应该把自己的关注点集中在如何获取财富上,心中坚信自己总有一天会成为富翁,并积极地向着这个方向迈进,你就真的会成为一个富翁。相反,如果你整天想为什么我会这么贫穷,由于你的注意力当中有贫穷,你就真的难以摆脱贫穷了。

人们总是忌讳那些消极的词语,于是就会用积极词语的否定形式来表述不好的事情。比如:身体状况不是很好就说身体"欠佳",贫穷就说"不够富裕",失败就说成"失利"。总之,很多时候人们是不愿意把消极词语轻易说出口的，因为消极词语就意味着消极意识，就会带来不好的吸引效果。

在古代，人们似乎就已经感觉到了吸引力法则的效应，所以在说话的时候往往存在很多忌讳，担心乱说会招来灾祸。西方人忌讳数字13，日本人忌讳数字4，都是因为这些数字会让有这样文化传统的人联想到不祥和灾难，而关注的这些负面信息在吸引力法则的作用下就会带来祸患和灾难。所以人们就忌讳这些，避免自己的注意力吸引来不必要的麻烦。

我们希望自己变成什么样子，最终我们就真的会成为那个样子。如果我们愿意，可以很容易让自己的心情变得忧郁，反之也一样。但重要的是我们应该认识到，如果我们一直按照一种方式重复类似的思考，这种思考不仅仅会在我们的性格上体现出来，而且还会在我们身体的变化上体现出来。

通常情况下，被汽车撞倒或从二层楼上摔下来的部分受伤者是不会当场死亡的。在对死者进行检验时，医生就会发现受伤或失血的程度并不足以导致死亡，死亡的直接原因是：极度的恐惧感导致神经系统崩溃、心脏休克。

医院里所有的急救程序一般都会建议先稳定伤者的情绪，减轻他的恐惧——因为这或许是他所面临的最大威胁。

类似上面的例子还有很多，其中最有趣的要数艾尔弗·科日布斯伯爵所讲的一个案例。有一个人对玫瑰花非常过敏，哪怕看到图片也会心生恐惧。有一次，别人给他看一张玫瑰花的照片,他立刻就开始不由自主地打喷嚏,好像面前是一朵真花似的。

从上面的例子中我们可以看到:意识可以成就一个人,也可以毁灭一个人。一个渴望变得活力四射的人会比常人更有活力,一个希望自己有勇气的人能变得勇气十足,那些坚信"我一定能行"的人就可能做到他想做到的,而那些想着"我恐怕不行"的人就可能会落在别人身后。在现实中很多事实都证明了这个观点。那么,到底是什么导致了这种差异的发生?没错,就是思想!只有你的思想能做到这些。

既然知道我们的思想意识会吸引我们未来的生活,那么我们就需要摆正自己的心态,积极地去思考和面对问题,给潜意识输入正面的指令。如果我们追求成功,我们就要在自己的意识中关注成功,忽略一时的失败。只要我们把如何成功当作每天必须关注的内容,并且坚持下去,我们的未来就会成功。

7.去撕破畏惧的面纱,你就可以很好地掌控它

生活中,我们是否遇到过这种情况:做事时遇到了困难,它就像山一样摆在前面,让我们心中产生了一种恐惧感,认为自己

没有办法克服它,于是很快就选择了屈服和退却。结果,自然是不战而败。

心智不成熟的人,往往会放大自己的不完美。为什么这么说呢?其实,这就是在遇到问题的时候,心理产生了一种恐惧感,并开始寻找恐惧的理由,比如"我从来没有遇到过怎么糟糕的事情""我的能力是有限的",进而让自己相信,这种恐惧是合理的。

事实果真如此吗?困难真的无法跨越吗?答案是未必。

保罗·迪克刚从祖父手里继承了美丽的"森林庄园",一场因雷电而引发的山火就将其烧成了一片灰烬。年轻的保罗不甘心百年基业就被这么一场突如其来的山火毁于一旦,他决定倾己所能也要修复庄园。他跑去向银行贷款,遭到了无情的拒绝;他四处求亲告友,结果仍旧是一无所获……

所有能想到的办法他都试过了,没有一个行得通。他伤心失望,他欲哭无泪,他的心在无尽的黑暗中挣扎。他知道,自己再也看不到那郁郁葱葱的树林了,再也听不到树枝上悦耳的鸟叫声了。他把自己深锁在房间里,茶饭不思,眼睛都熬出了血丝。

一个多月过去了,年已古稀的祖母来到他的门前,意味深长地对他说:"小伙子,庄园被大火烧成了废墟并不可怕,可怕的是你的眼睛失去了光泽,一天天地老去。一双老去的眼睛,怎么能看得到机会呢?"

在祖母的劝说下，保罗慢慢走出了自己的房间，来到了街头。一天，他看见一家店铺的门前围着好多人，走过去之后才知道，原来是一些家庭妇女正在排队购买木炭。那一块块躺在纸箱里的木炭，忽然让他眼前一亮。

回去之后，保罗马上雇了几名烧炭工，将庄园里烧焦的树加工成优质的木炭，然后分装成箱，送到集市上的木炭经销店。很快，木炭被一抢而空，他因此得到了一笔不菲的收入。

他用这笔收入购买了一大批树苗，一个新的庄园又初具规模了。几年之后，"森林庄园"再度在人们的视线里绿意盎然。

事实上，没有解决不了的问题。困难并没有我们想象的那么强大，它就像一个弹簧，你弱它就强，你强它就弱。当你用一颗坚强的心去面对困境的时候，很快就能走出阴霾。

同样，如果对于内心的恐惧，我们无法控制它们，驱除它们，就会任由它吞噬我们。遇到困难要想办法，而不是找借口逃避，麻痹自己，这才是一个心智成熟的选择。因为，活着就一定会遇到困难，这一次我们逃避了，可下一次呢？学不会面对，我们始终只是一个"自己吓自己"的怯懦的人。

世界顶尖电影巨星史泰龙，他的父亲是一个赌徒，母亲是一个酒鬼。父亲赌输了，又打母亲又打他；母亲喝醉了也拿他出气。他在拳脚交加的家庭暴力中长大，常常是鼻青脸肿，皮开肉绽。因此，他的面相很不美，学习也不好。高中辍学后，便在街头当混混儿。直到20岁的时候，一件偶然的事刺激了他，使他醒悟："不能，不能这样。如果这样下去，岂不是和自己的父母一样吗？成为社会垃圾、人类的渣滓，带给别人、留给自己的都是痛苦——不行，我一定要成功！"

他下定决心，要走一条与父母迥然不同的路，活出个人样来。但是做什么呢？他长时间思索着。从政，可能性几乎为零；进大企业去发展，学历和文凭是目前不可逾越的高山；经商，又没有本钱……他想到了当演员——当演员不需要文凭，更不需要本钱，一旦成功，却可以名利双收。但是他显然不具备演员的条件，长相就很难使人有信心，又没接受过任何专业训练。然而，他认为当演员是他今生今世唯一出头的机会，决不放弃，一定要成功！

于是，他来到好莱坞。找明星、找导演、找制片……找一切可能使他成为演员的人，处处哀求："给我一次机会吧，我要当演员，我一定能成功！"

很显然，他一次又一次被拒绝了。但他并不气馁，他知道，失败定有原因。每被拒绝一次，他就认真反省、检讨、学习一次。一定要成功，痴心不改，又去找人……不幸得很，两年一晃过去了，钱花光了，他只能在好莱坞打工，做些粗重的零活儿。

他暗自垂泪，甚至痛哭失声。难道真的没有希望了吗？难道赌徒、酒鬼的儿子就只能做赌徒、酒鬼吗？不行，我一定要成功！他想，既然不能直接成功，能否换一个方法。他想出了一个"迂回前进"的思路：先写剧本，待剧本被导演看中后，再要求当演员。

幸好现在的他已经不是刚来时的门外汉了。两年多的耳濡目染，每一次拒绝都是一次口传心授、一次学习、一次进步。因此，他已经具备了写电影剧本的基础知识。

一年后，剧本写出来了，他又拿去遍访各位导演，"这个剧本怎么样，让我当男主角吧！"普遍的反应都是剧本还可以，但让他当男主角，简直是天大的玩笑。他再一次被拒绝了。

他不断对自己说："我一定要成功！也许下一次就行，再下一次、再再下一次……"在他一共遭到1300多次被拒绝后的一天，一个曾拒绝过他20多次的导演对他说：

"我不知道你能否演好，但我被你的精神所感动。我可以给你一次机会，但我要把你的剧本改成电视连续剧，同时，先只拍一集，就让你当男主角，看看效果再说。如果效果不好，你便从此断绝这个念头吧！"

为了这一刻，他已经做了3年多的准备，终于可以一试身手了。机会来之不易，他不敢有丝毫懈怠，全身心地投入。第一集电视剧创下了当时全美最高收视纪录——他成功了！

在前进的途中，不可能什么事情都是一帆风顺的，总会遇到各种各样的困难、挫折，有来自自身的，也有来自外界的。只要拥有积极的心态，即使遇到困难，也可以获得帮助，事事顺心。所以，一代文豪郭沫若说："一个人总是有些拂逆的遭遇才好，不然是会不知不觉地消沉下去的，人只怕自己倒，别人骂不倒。"史泰龙在困难面前，不畏惧，不悲伤，不哀怨，最可贵的是主动地把所有悲伤化为前进的动力，最终改变人生。

人生就是一个不断面对问题、解决问题的过程。困难可以开启我们的智慧，激发我们的勇气，为解决困难而努力，思想和心灵就会不断成长，心智就会不断成熟。只要记住：绝大多数问题并不是像我们想象的那么恐怖，试着去撕破畏惧的面纱，你就可以很好地掌控它。

第五章

你是想交酒肉朋友，还是想实现自我价值

不少人总是乐于和比自己差的人交际，因为在与这样的友人交际时，可以让你在同他的比较中获得自信；保持优越感和信心。可是从不如自己的人当中，显然是学不到什么的，它会让你丧失前进的动力，看不到自己与优秀之人的差距，成为一只坐井观天的青蛙。

所以，我们要多和那些人格、品行、学问、道德都胜过你的人交往，尽量汲取种种对自己生命有益的东西。这样可以提高我们的理想和志向，激励你更趋于高尚，激发出你对事业更大的热情和干劲儿来。

一个人的成功、快乐和价值的体现，往往与你拥有朋友的多少及他们的品质有关。结交到比你优秀的朋友越多,你就离成功越近。

清末名人曾国藩说过:"一生之成败,皆关乎朋友之贤否,不可不慎也。"几乎没有一位成功者把他们的成就归功于其天生的才华,在他们看来,学历是铜牌、能力是银牌、理想是金牌,朋友才是王牌。正如戴尔·卡耐基所说的那样:"专业知识在一个人成功中的作用只占15%,而其余的85%则取决于人际关系。"

和优秀的朋友在一起,是一种精神文化的延伸,可以让自己增加知识、增长见识、增大胸怀,是快乐的源泉、成功的基石。

当然,强大的朋友与强大的工作能力,这二者是相辅相成,缺一不可的。千万不要以为经营朋友的目的,就是有了"好交情""硬关系"之后,不学无术也能成功!

1.5个朋友决定你的一生

你相信,5个朋友将决定你的富贵命吗?

在一个主题为"创造财富"的论坛上,主持人说:"请大家写下和你相处时间最多的5个人，也就是与你关系最亲密的5个朋友，记下他们每个人的月收入，从他们的收入我就知道你的收入。为什么？因为你的收入就是这5个人月收入的平均数。"

大家都觉得这是一个玩笑，自己的月收入怎么会由朋友决定呢？但是，当他们写下最亲密朋友的财务状况时，很快发现自己的收入真的和他们差不多。月收入2000多块钱的人，他的朋友月收入也大多是2000多块钱；资产100万的人，他的朋友大约也是100万；而使用信用卡循环利息的人，他的朋友也几乎都处于负债的边缘状态。

其实，这并不是什么奇怪的巧合，而是正应了中国那句古话"物以类聚，人以群分；近朱者赤，近墨者黑"。稍微细心一点，你就会发现在现实生活中，医生的朋友，通常也都是医生；出租车司机的朋友，通常也都是出租车司机；当老板的人，他们的朋友通常也都是老板；亿万富翁的朋友通常也都是亿万富翁……

想想看，你的很多决定或者想法，甚至是一些生活方式和习惯是不是都和你亲密的朋友有关？我们永远无法否认朋友对我们的影响力，有句话说，你想成为什么样的人就和什么样的人在一起。想成为健康的人，那你就和健康的人在一起，因为他会告诉你如何保养身体；想成为快乐的人，就和快乐积极的人在一起，因为他会告诉你如何拥有快乐积极的心态。而如果你想减肥，千万不要和一个胖子在一起，因为除了遗传因素，一个人之所以胖还因为他从来不知道节制食欲，而且他通常会有一种不在乎胖的理论，你跟他在一起，就会不知不觉中受到他的影响，那你的瘦身计划就不可能成功了！

可以说，是你身边的朋友决定着你的人生。

一个生活在穷人堆中的人，要想成为富人，很多时候必须和自己这个阶层说再见。这绝不是背叛，而是一种自我发展和改造。

大多数穷人都喜欢走穷亲戚，排斥与富人交往。久而久之，心态成了穷人的心态，思维成了穷人的思维，做出来的事也就是穷人的模式。同样，如果一个穷人生活在富人堆里，他耳濡目染富人的思维方式和处世方式，慢慢地就会脱离贫穷这个阶层。

一位百万富翁登门请教一位千万富翁。

"为什么你能成为千万富翁，而我却只能成为百万富翁，难道我还不够努力吗？"

"你平时和什么人在一起？"

"和我在一起的全都是百万富翁，他们都很有钱，很有素质……"

"我平时都是和千万富翁在一起的，这就是我能成为千万富翁而你却只能成为百万富翁的差别。"

美国一个机构调查后认为，一个人失败的原因，90%是因为这个人的周边亲友、伙伴、同事、熟人大都是失败和消极的人。如果你习惯选择比自己低级的人交往，那么他们将在不知不觉中拖你下水，并使你的远大抱负日益萎缩。

这就是穷人朋友与富人朋友对一个人的影响力。犹太经典

《塔木德》中有一句话：和狼生活在一起，你只能学会嗥叫，和那些优秀的人接触，你就会受到良好的影响，耳濡目染，潜移默化，成为一名优秀的人。

因此，你想成为什么样子的人，就和什么样子的人在一起吧。

2.同事既是朋友，又是贵人

同事既是朋友，又是贵人，他们能够在职场上给予你帮助，顺时助你锦上添花，逆时帮你雪中送炭。所以，在平日里，你要努力维护自己的人脉关系网，把同事处成朋友，变成自己的贵人。

很多人都认为，同事之间有竞争的利害关系。每个人都追求工作业绩，希望赢得领导的好感，获得升迁，以及其他种种利害冲突。但这并不是绝对的，无论怎样，多一个朋友总比多一个敌人要好。你要做的就是寻找志同道合的同事，把他们变成自己的朋友，这样对你只有好处，而不会有坏处。

在35岁以前，刘芳一直都以存钱为乐趣。那时刘芳还在一家效益并不是很好的服装厂上班，每天工作8小时，月底时到财务科领取3000元的工资。拿回家一番精打细算之后，留下柴米油盐水费电费等这些必要的开支后，便把剩余的钱一分不落地统统存进银行。这种日子虽不会大富大贵，但是，看着存折上不断增大的数字，却也感到一种满足的快乐。

可是在刘芳36岁那年，这种日子被打破了。单位倒闭，刘芳失业了。老公的工资连每月最基本的开支都不够，甭说存钱了。眼看着存折上的数字越来越小，家庭面临捉襟见肘、一筹莫展之际，她求助朋友，看看有没有哪家公司需要招人。可是朋友们反馈来的信息都是目前没有公司有招聘意向。

正在犯难的时候，以前的同事王云给她打来了电话。

王云说话开门见山："听说你失业了，有一个品牌服装虽然名气不是很大，但很有市场潜力，做这个品牌在你们地区的代理商，一定有钱赚的。"刘芳听了连连摇头："这种大生意不是我能做的。"王云却说："生意再大也是人做出来的，资金方面你不用担心，业务上我也会帮忙。"见王云如此诚心，刘芳便答应先试试。

于是接下来的日子，在王云的帮助下，刘芳与厂家签订了代理合同，并按照她的指导，逐一到本地的各大商场联系业务。这样忙活了一个多月，一算账刘芳竟有了5万多元的盈利。

后来，刘芳从别人口中偶然得知，这个生意王云原本是要自己做的，她已经认真地考察过市场了，认为绝对有钱可赚，不知为什么会把这个大好机会拱手让给了刘芳。刘芳满心疑问地找到王云，她笑着对刘芳说："虽然与你已经好多年不来往了，可你这个朋友却是我永远存在心里的。"

原来，几年前王云初涉商海，由于经验不足，一次投资失败亏了个血本无归。她想从头再来，没有资金，便找朋友们借钱。可她当时的状况，没人敢借给她。她借来借去便来到刘芳家，其实她并没抱太大希望，因为她与刘芳只是同事并没有深交，再说刘芳那时有一个"葛朗台"的外号，足可见节俭的程度。可刘芳听她讲完之后，想了想便到银行取了3万块钱给她，并说："这3万元是我所有的积蓄，你拿着，我相信你一定能东山再起的。"

一年后，王云拿着5万块钱来还账，刘芳只收了自己的3万块，那2万块让她又拿了回去。刘芳当时借给她钱并没想过回报，刘芳只是觉得她并不是一个赖账的人，再一个就是，刘芳知道谁都有遇到难事的时候。

王云对刘芳说："当初是你的3万块钱和你的友情才有了我的今天，我帮你做这个生意，全当是我还你的利息吧！"`

王云和刘芳就是值得深交的同事，完全可以当朋友相处。

当然，同事也分很多类型，有些同事是值得深交的，能变成朋友；有些同事不仅是朋友，更是自己的贵人；但也有些同事仅仅是同事而已。

下面这些都是你职业生涯中不可或缺、能成为你贵人的同事：

(1)赏识你、帮你晋升的同事。这样的同事会比较欣赏你的为人和工作能力，他们觉得你是潜力股，会比较相信你决策的方向，这样你的付出就会变得更有价值了。

(2)给你工作机会的同事。这样的同事比较了解你，很清楚你的职业规划，明白你在这个行业里的爆发力。一旦有什么机会，第一个就会想到你。

(3)在背后说你好话的同事。这样的同事从来都没有放弃过你,常常在背后说你好话。常常,会为你创造机会,坚定地支持你。

事实上,要知道对方是不是你的贵人,你可以看看他能不能在关键时刻拉你一把。这样的同事平时就会特别赏识你,相信你,在你有困难的时候,就会伸出友谊之手,帮你渡过难关。

3.人生得一知己足矣

人们常说:"千金易得,知己难求。"或许你一呼百应,但未必有一个知音;或许你高朋满座,珠玑妙语,但知音不是虚位以待就能得来;或许你在亲情的环绕下,有人嘘寒问暖,但他们不一定真懂你;或许你佳人携子,如花美眷,但爱人不一定能解人意。"高山流水"的典故体现着千百年来人们对这种情谊的渴求——知音。

战国时期,身为晋国大夫的俞伯牙与楚国的樵夫钟子期偶然相遇。伯牙操琴,其意在高山。他弹琴的手刚停,钟子期马上感慨地说:"多美啊!展现在我眼前的巍峨高山。"伯牙不语,又弹奏一曲,其意在流水。余音尚存,钟子期赞叹道:"多美啊!我的面前又展现出一条浩浩荡荡的江河。"俞伯牙惊喜若狂,总算找到了"知音"。他们于是结为"契友",不顾身份、地位的悬殊,以兄弟相称。不幸钟子期因病去世，命伯牙闻知"五内崩裂，泪如涌泉，傍山崖跌倒，皆绝于地"。而后到钟子期坟前跪拜，挥泪为已故的知音弹了一首悲哀的曲子，以吊唁亡友，他忽然感到从此再无知音了，于是悲愤、绝望地将琴弦割断，将琴摔碎，终身不再弹琴。

茫茫人海，找一个朋友容易，获得一个知己却很难。知己是和我们同心合契、共创奇迹的那个人；知己是同我们和谐相处、分享成果的那个人。常言道："人生得一知己足矣。"知己是生命的另一半，是人生项圈上那颗最耀眼的钻石。

德国大音乐家贝多芬和舒伯特之间的友谊被传为千古佳话：两人共同生活在维也纳30年之久，虽然只见过一次面，却成为知己。在贝多芬的事业如日中天时，舒伯特只是一个默默无闻的音乐创作者。贝多芬生性孤僻，舒伯特深知他的个性，所以从不敢贸然造访。直到后来，因为一位出版商的盛情邀请，舒伯特才带着一册自己的作品前去登门拜访。不巧的是恰逢贝多芬外出，舒伯特只好留下作品，怅然而归。

然而，当贝多芬患病后，有一天，友人想调解他的寂寞，随手拿起桌上的一册书放在他的枕边，让他翻阅消遣。这册书正是舒伯特留下的作品集。贝多芬马上被其中的作品吸引住了，细心吟味了一会儿，大声叫道："这里有神圣的闪光！这是谁做的？"友人告诉了他舒伯特的名字，贝多芬对其大加赞赏。贝多芬弥留之际，托人把舒伯特召至床前说："我的灵魂是属于舒伯特的！"

贝多芬死后，舒伯特终日郁闷。第二年，他也告别了人世。临终的时候，他向亲友倾诉遗愿："请将我葬在贝多芬的旁边！"

后人对他们之间的友谊给予了最美好的赞誉，并为他们竖起了并立的铜像，至今仍屹立于维也纳广场。可见，真正的友情并不依靠事业、祸福和身份，不依靠经历、地位和处境，它在本性上拒绝功利、拒绝归属、拒绝契约，它是独立人格之间的互相呼应和确认。所谓知己，就是彼此心灵相通的人。

知己之间的交往并不局限于同时代、同年龄段的人，虽然，这些人相对来讲更加与你接近。但是有时，一旦与前辈或晚辈形成忘年交，也会发出耀眼的光芒。

罗曼·罗兰23岁时在罗马同70岁的梅森堡相识，后来梅森堡在她的一本书中对这段忘年交作了深情的描述："要知道，在垂暮之年，最大的满足莫过于在青年心灵中发现和你一样向理想，向更高目标的突进，对低级庸俗趣味的蔑视……多亏这位青年的来临，两年来我同他进行最高水平的精神交流，通过这样不断的激励，我又获得了思想的青春和对一切美好事物的强烈兴趣……"

只有心灵的高度契合才能让人产生如此强烈的心灵震撼，仿佛与知己的交往，能够使人焕发出对于青春和生命的极大热忱。在这样的"灵魂之交"中，一切外在的形式，如年龄、身份、经历、成就都显得十分渺小，甚至微不足道，这就是知己的力量。

知己对于我们的重要意义之一：就是把我们的精神生活提到日常事务的枯燥单调之上，赋予平凡的生活以意义，使得它具有一种精神的投射、温和的超越、趣味的升华。

知己之谊，因为超越而变得崇高和圣洁，也因为圣洁和崇高而更增添了分量。这正应了一句古话"人生得一知己足矣"。知己不仅能驱除痛苦，还能带来快乐。

王羲之的《兰亭集序》中有几句关于闲谈的话："悟言一室之内"，"放浪形骸之外"，"曾不知老之将至"。真是道出了知己相聚、随意闲谈之乐。对此话极为欣赏的钱伯城先生便写了一篇文章，题为《聊天乃人生一乐》。文中写道：朋友相聚，乐在聊天，若相对无言，就乐不起来了。我所喜欢的，清茶一杯，二三其人，互无戒心，话题不着边际，议论全无拘束，何妨东拉西扯，亦可南辕北辙。乘兴而来，尽兴即散。

有这样的几个知己，达到这样一种人生境界，那"孤独"二字便可在人生的字典里消失得无影无踪了。

4.酒肉朋友不过是路人甲

酒肉朋友再多也无益处,无非吃喝玩乐,遇难事照样没人帮你。

传说大觉寺附近的鹿病了,群鹿去看望,吃光了附近所有的草。后来鹿的病好了,却因找不到草吃而饿死了。拜庙于此的虚云禅师便告诫香客:"结交酒肉朋友,有害无益。"

孙莹能写一手的好文章,因此在单位里得了个"才女"的称号,一般领导要写个总结、提案的都会找她。有一天,孙莹正在做自己的财务报表。自己的领导说下午3点之前急需3份不同的文字材料,让她及时赶出来,但是一看时间现在已经是上午10点多了,铁定是做不完的。无奈之下,她只好拨通了一位朋友的电话求助,这位朋友是家杂志社的编辑,是个爽快人,听此情况后二话没说就来了。

中午11点左右,这位朋友带着他的一位朋友如约来到孙莹的办公室。一番介绍后,就开始天南地北地胡侃。从世界政坛到金融危机,从古希腊文明到历史渊源,从甲骨文的鉴别到第四代简化字的使用,孙莹一面陪着漫天胡侃,一面瞅着墙上的挂钟咔哒、咔哒不停地转,心里急得直冒火但也无法发作。转眼半个小时过去了,孙莹看出这位朋友没有走的意思,将心一横问道:"两位想吃点儿什么？"这位大笔杆子也不客气，"都是好朋友嘛，就近就简吧"！

于是在附近找了个饭店坐下来。几番推杯换盏后，孙莹的朋友越喝越兴奋，抄起电话一通拨打。就这样你找三个我找两个，不多时，由原来的三人"小聚"变成了五六个人的"团聚"，又由原来的六人团聚变成了十来个人的"大聚"。大家彼此间有熟识的，也有陌生的，通过朋友引荐后，便以酒开道、以酒会友，这酒喝起来也就没数了。孙莹仍有3份材料压在身，本想找朋友帮忙，不想却浪费了不少时间，这种情形下她无心继续恋战，便匆匆结账告辞。回到办公室后，她迅速查找资料，用最快的速度在规定的时间内交上了全部材料，才长长地舒了口气。这时，她想起了在饭店的朋友们，打电话过去，这些朋友还在饭店里觥筹交错，而此时已经下午3点了。

有一类人每天游走于各类酒场，交着不同的朋友，朋友越积越多，数量越来越大，而真正"沉淀"下来的没有几个。随着经历得越来越多，电话号码也越来越满，而真正痛苦或需要帮助时，把电话号码簿从头翻到尾，竟然一个可以帮上忙的朋友也找不出来，这就是酒肉朋友的悲哀。

与酒肉朋友在一起，酒喝得越多，饭吃得越多，感情就越深。其实，结交酒肉朋友就像超速行驶在高速公路上，而超速行驶的车子也许遇到一丁点儿的状况，就会使车毁人亡。换言之，友谊需要经营，但不用刻意追求，否则你认定的酒肉朋友因某事达不到你的期望值时，你将会因此而痛苦不堪。所以，我们切不可以结交酒肉朋友为荣，更不要以之为交友准则。

每个人都希望朋友能够在危难之刻不离不弃，而不是一遇危险，鸟飞兽散。朋友是一个美好的字眼，请不要让酒肉之交玷污了朋友的神圣，那样的人并不是你的朋友，不过是结伴娱乐的过路人罢了。

5.朋友圈内必备的9类"陌生人"

在纽约一次mankeep主题大会上，千余脉客总结了朋友网中应该有的9种人，并且由此得出结论，有了这些人，你生活和工作起来才可能真正左右逢源。下面我们就为大家来介绍一下，究竟有哪些不同领域的人，我们结交起来，会给我们带来更大的利益。

医生

你一定要结识几个专家级别而且有着丰富临床经验的医生，因为他们给你的意见和建议可是关乎着你生命健康的。人在生病时候的第一选择就是会听医生的话，吃药、打针、住院等都离不开医生的建议。若是小病倒也无关紧要，万一有一天你不得不开刀做手术呢？此时，没有一个值得信赖的医生，真不敢想象那种拿自己的生命去"赌博"的感觉是什么滋味！

所以,医生应成为你的"一号朋友,健身教练",为了防患于未然,最好去认识几位医生朋友,这样就不会让人觉得你是在拿自己的生命"开玩笑了"。

旅行社

对于经常要出差的人来说,有一个旅行社的朋友,会帮你节省不少时间和金钱。试想一下,对于同一架飞机上的旅客而言,100名旅客中可能会有很多种不同价格的机票。有的人可能花了1000多元买的,而你可能花几百元就能搞定。为什么? 因为你的那位旅行社的朋友能够为你提供最为便捷的机型和便宜的价格,让你时刻都高枕无忧。

猎头公司

当你还在为一份工作而愁眉不展时,你身边的人早已进入新的工作角色中去了。因为他们凭借着和人才市场、猎头公司良好的关系,已经把各个职位都摸透了。所以,即使你现在的工作非常稳定,也不妨多结交一些这方面的朋友,在口渴之前先掘井永远是最正确的选择。

银行

如今是经济型社会,而银行的重要性在我们的日常生活中也越来越体现出来。我们每个人的工资预算、养老保险、投资理财的结算等都离不开银行这个操作部门,尤其是当你着急去办理某项理财项目,却被门口堆积的人群给拦住,在排号面前看着前方数十位的号码一筹莫展时,有个银行理财师朋友,可就方便多了。

当地公务人员、警察

几乎每一件事:填平路上的坑洞,运走垃圾,修理人行道,修剪树木,减低税赋,改变城市划分,子女就学,规范社区商业行为,监管空气、水以及噪声品质,你新买的车子被偷了,你家被小偷不请而入……你都需要当地公务人员、警察。

保险、金融专家

如今保险行业深入各个家庭中,很多人对保险人有一些片面的认识,总觉得上门推销的人都十分令人生厌。可是,难道你真要等到出了什么事,才知道投保的重要性吗?其实交一个保险、金融方面的朋友,可以帮助你更好地认识保险,而且还能避免乱投保的发生。

律师

在国外,几乎每个家庭都有一到两个监护律师。你要明白,毕竟在这个社会上生存,难免会遇到一些纠纷,如果不想让他人无端占去你的利益,那么如果你的朋友关系中有知名律师,你的麻烦事就会少很多。

维修人员

一位优秀又诚实的维修人员是很重要的。你的汽车坏了,你家的下水道堵了,你家的锁打不开了……事态紧急,你最好知道谁可以在最短的时间内、用最快的速度、以最低的费用帮你处理。一位不好而且不诚实的修理工将使你损失惨重。

媒体联络人

假使你是一位有名的商务人士,你有绯闻缠身,或有新产品上市,那么你的媒体联络人可以代表你,并出面处理这件事。这样你就不必在一些媒体的闪光灯下茫然不知所措。当然,想要结交这一类朋友,秘诀是,在需要他们的帮助之前先认识他们。

6.对手是你最好的教科书

尊重对手就是尊重你自己,这样不但能赢得对手的尊重与友谊,还能展示你的度量与胸怀。我们要明白这一点,或许我们在认识、立场、价值取向上各有不同,或许我们对彼此的生活习惯、行为方式看不顺眼,甚至我们就是水火不容的敌人,但是这并不妨碍我们看清楚对手身上的优点和长处,也不影响我们欣赏对手的品质与人格。

在巴黎有两位画家都享有盛名。这两人不相往来,却又密切注意彼此的一举一动,但是两人谁也不服对方。

两人时常在媒体上互相指责批评:"他最近的一部作品,布局一点儿不协调,简直就是涂鸦,"要不然就是:"他的画要么苍白无力,要么乱七八糟,不知所云!"

一次,其中一位画家为了赶上一个国际大展,在工作室中夜以继日地连续画了三天三夜,除了绘画之外,什么都不闻不问,甚至连吃饭睡觉都在工作室里。

就在作品快要完成的时候,有一位朋友来看他,这时画家正在修饰作品中人物的表情。朋友刚要开口,还没说出半个字,画家忽然大叫出声:"我那个死对头,一定又会在这里鸡蛋挑骨头的!"

朋友不解地问他:"你既然知道他会批评这个地方,为什么不把它画好呢?"画家微微一笑回答:"我就是故意为了让他批评才这么画的,如果他不再批评,我的创意也就没有了。"

朋友这才告诉画家他原本要说的:"可是,他昨天因一场意外的车祸去世了。"画家手里的画笔一下子滑落地上。

从此,这个画家再也没有独具创意的作品出现了。

敌人的存在让我们可以看清楚自己,生活中缺少了对手,就好比在大海上航行却失去了罗盘。

雅典奥运会跳水男子三米板冠军彭勃在赛后接受记者采访时说:"我特别感谢两个人,一个是队友王克楠,一个是对手萨乌丁。如果今天没有王克楠到场给我鼓舞,我的金牌就不会拿得这么顺利。我之所以要感谢萨乌丁,是因为没想到他今天发挥得这么出色。他这么大的年龄还那样拼搏,这刺激了我更努力地去比赛。"

很久以前,挪威人从深海里捕捞的沙丁鱼,还没等运回海岸,便都口吐白沫,奄奄一息。渔民想了很多的办法,但都失败了。然而,有一条渔船,却总能带回活鱼上岸,所以他卖出的价钱也要高出几倍。后来,人们发现了其中的奥秘。原来,这条船是在沙丁鱼槽里放进了鲇鱼。鲇鱼是沙丁鱼的天敌,当鱼槽里同时放有沙丁鱼和鲇鱼时,鲇鱼出于天性就会不断地追逐沙丁鱼。在鲇鱼的追逐下,沙丁鱼拼命游动,激发了内部的活力,从而才活了下来。

这就告诉人们一个道理,对手是自己的压力,也是自己的动力。往往对手给自己的压力越大,由此而激发出的动力就越强。对手之间,是一种对立,也是一种统一。相互排斥,又相互依存,相互压制,又相互刺激。尤其在竞技场上,没有了对手,也就没有了活力。

一位教练曾经这样说:"对手是每个运动员的最好的教科书,谁要想战胜对手,谁就得向对手学习。"对手之所以能够成为对手,就说明在他的身上,一定有其高超和独特的东西。与这样的对手比赛,不仅能找到竞争的舞台,而且会带来竞争的乐趣。可以想象,一场没有对手的比赛,将是多么的无味?综观雅典奥运会领奖台,就会发现,每个金牌得主的快乐,都来自竞争的胜利。战胜对手,才是最大的慰藉。

学习、工作、事业、爱情,谁都可能遇到对手,谁都盼望超过对手。但无论成功还是失败,都不要忘了感谢对手,因为是他,和你一起追逐,一起攀登,一起较量,一起腾飞。

7.不是所有人都适合与你同船出海

在这个世界上,能够和我们并肩战斗的人都是少数,而选对这些能够和我们一起战斗的人就显得至关重要。它是我们能否成功的一个关键因素。

曾国藩当年和太平军打仗,朝廷让曾国藩自己招兵买马,组建军队。这支军队就是湘军,湘军很出名,战斗力也很强。"湘军"在剿灭太平天国的战斗中,作战凶狠不怕死,甚至比太平军还要狠。

湘军为什么战斗力强,还要从军队士兵的来源说起。曾国藩心里清楚,一支军队战斗力的高低和士兵的素质直接相关。他依靠师徒、亲戚、好友等复杂的人际关系,建立了一支地方团练,这就是后来的湘军。曾国藩清楚,不是所有人都会和自己一条心,最可靠的人就是身边有着伦理道德关系的人。

除此之外,他招收士兵很有自己的见解。他的湘军士兵,几乎无一不是黑脚杆的农民。这些朴实的农民,既能吃苦耐劳,又很忠勇,一上战场,则父死子代,兄死弟继,义无反顾。年轻力壮、朴实而有农夫气者为上。油头滑面而有市井气者,有衙门气者,概不收用。山僻之民多悍,水乡之民多浮滑;城市多浮情之习,乡村多朴拙之夫。

这是因为曾国藩明白，能够和自己共同战斗的人，只是少数，而这少数，就是农民以及自己的同乡，大家的性命前途绑在一起，共同做事情才更安全可靠。

"海"上世界和我们陆地上的世界不一样，在海上，风急浪高，一不小心就要搭上性命，所以出海之前，船长总会慎重地选择船员，这样才能将风险降到最小。

我们的生活也是一样，虽然没有浪花，却有诸多看不到的暗礁，在这种情况下，选择同伴就显得非常重要了。

东汉末年，华歆和管宁原是两个好朋友。有一天，两个朋友在一起锄地。忽然，管宁挖出了一块金子，他却视而不见。而华歆看见后，就急忙拾了起来，据为己有。过了些时日，两个朋友在一起席地而坐读书。管宁全神贯注地读着，两耳不闻窗外事。而华歆心不在焉，左顾右盼，抓耳挠腮，刚好此时，有一官吏乘着华丽的马车从门前经过，管宁不为所动，仍在读书，华歆却随手扔下书本，前去看热闹。等到华歆看完热闹回来的时候，发现本来一张好好的席子被从中割断了，管宁对华歆说："你不是我的朋友，我们还是分开坐吧。"

这就是"割席而坐"的来历。通过这两件事，管宁看出华歆与自己的品格完全不同。于是，毅然与之断交了。

管宁和华歆的故事，并不是高洁的人与庸俗的人的故事。他们俩的故事，只是人生趣味的不同，这里面不涉及大道理，更不能上升到人品的优劣。做不成朋友也没什么可惜的。只不过,如果两个志向不同,趣味不同的人还是在一起,那么不论两个人作出什么决定,难免会受到对方的干扰,想坚持自己的信仰就很麻烦了。

人与人的主张和追求不同,是不能在一起合作的,只有共同的价值观,把彼此联结在一起,那才会长久,才会牢靠。

寻找合作伙伴,是件非常重要的事。世界上的人虽多,寻找适合你的合作伙伴并不容易,有时简直像大海捞针。漫无目的地寻找,更是浪费你的时间和精力。

我们整理了以下十个标准,可以帮你迅速断定对方是否适合当你的合作伙伴。

(1)你是否了解自己。在寻找他人之前,你首先要了解自己,你的个性如何,你的喜好是什么,你的底线又是什么。你擅长什么,能力如何,是否有协调性,你的优势是什么,劣势是什么……如果你不能对自己作出一个全面准确的判断,那么你就很难知道自己究竟需要什么样的合作伙伴。

(2)双方目标是否一致。合作的关键,在于双方的目标是否一致。目标一致,你的竞争对手也能成为你的合作伙伴。这个目标既可以是短期的小目标,也可能是长期的大目标。只要目标一致,预计的结果能够让双方有所收益,你们就有合作的可能。

(3)对方能力如何。准确地估计自己的能力,还要全面地调查合作者的现状和能力,如果双方的实力旗鼓相当,往往能产生不错的合作结果。考察对方能力的时候,既要看到对方过往的成绩,也要看到他现在的状况以及未来的发展潜力。不要单凭对方的一面之词就草率地决定合作。事前考虑好过事后懊悔。

（4）你能否与对方沟通。即使你们的能力相当，你也要弄清你们是否容易沟通，是否会出现鸡同鸭讲的情况。如果你们不能准确快速地理解对方的意图，如果你们对目标的具体理解存在很大差异，那么，在执行过程中，很可能因为沟通不当造成合作破裂。因为沟通不当造成的失败没有任何意义。所以，在事前确定双方是否能够很好地沟通，至关重要。如果双方没有沟通的意愿，都喜欢自行其是，无法做到步伐统一，那么这样的合作不要也罢。

（5）是否有根本利益冲突。目标一致，不代表合作能够进行到最后。如果双方有根本性冲突，合作早晚面临破裂。所以，如果你与你的合作者有根本性冲突，可以考虑选择其他合作者；如果必须与其合作，就要小心行事，步步观察。

（6）对方的人品如何。合作者的人品是你必须慎重考虑的因素，他是否讲原则、重承诺、守信用，是保证你们顺利合作的前提。此外，最重要的一点是合作者的责任感，他是否能够与你一起承担事业的风险，在困难的时候，有责任感的人不会弃你于不顾，和一个有责任感的人共事，等于给这份合作上了保险，即使失败，也不是由你一个人承担。

（7）双方是否有互补的一面。合作，是一个取长补短的过程，如果你们之间有互补的一面，充分发挥自己的优势，就能实现最佳的资源配置，所谓1+1＞2。如果能在合作的过程中学到对方的优点，对于自己的发展也会有不可估量的益处。

（8）能否产生默契。合作双方要有默契，没有默契，会造成合作双方状况的紊乱,甚至造成不必要的误会。默契的基础在于信任,如果不能相互信任,就不会产生默契。所以,考察对方是否值得你信任,是判断你们之间能否产生默契的第一步。有了信任,再加上良好的沟通,产生默契就不是一件困难的事。

(9)对方是否有包容心。在合作中,难免出现错误。你必须判断当你出现错误的时候,对方是否能够包容你,那些能够原谅你的小错误,以大目标为前提继续合作的人,是你的首选合作对象。但是,如果一个人表示,他能够原谅你出现战略性原则性错误,你千万不要与他合作。合作的目的在于互助与互相监督,如果他能够原谅你的战略性原则性错误,就代表他并不重视这次合作,也代表你必须原谅他的这一类错误,这样的合作不利于成果的产生。所以,合作伙伴要有包容心,但是不能一味包容。

(10)是否能接受彼此的缺点。合作伙伴不会十全十美,你如此,他也一样。你们有相同的目标,互补的能力,还有一个很关键却也很容易被忽视的问题:你们愿不愿意接受彼此的缺点。

接受彼此缺点,就是接受对方身上你根本无法赞同的部分。你愿意为这份合作作出让步或妥协,以保证结果的顺利。如果无法接受对方的缺点,合作过程势必会有摩擦,很可能导致合作的破裂。

寻找合作伙伴,本身就是一个考验你的眼光与能力的行为,你的标准是否合适、判断是否准确、了解是否全面,直接决定了合作是否能够顺利。尽量在每一次合作中重视对方,吸取经验,给你的合作伙伴留下良好的印象,这样既会提升他人对你的好感,也为你们下次合作预留了空间。

第
六章

看入人里，看出人外，看人之间

如果我们被剥夺了与人沟通的权利，我们将无从得知自己是谁。

1800年1月，一个小男孩在法国一个村落的菜园中偷挖蔬菜时被人发现。他的行为举止完全不像人类，也不会说话，只会发出一些奇特的哭叫声。他缺乏社交技能，更缺乏身为人类的自我认同。

正如作家罗格·沙图克（RogerShattuck）所写："这个男孩没有任何身为人类的自觉，他完全意识不到，自己是个和别人有联结的人。"（Shattuck1980）直到给予他慈爱的"母爱"之后，小男孩才开始转变，正如我们所料想的，他意识到自己身为一个人。

我们对自我的认同源自我们和他人的互动。究竟我们是聪明的还是迟钝的，动人的还是丑陋的，精明的还是笨拙的。这些问题的答案并不会从镜子中照出来，而是由他人对我们的回应决定的。

所以，如你不会沟通，你就等着负分出局吧。

1.糟糕的第一印象，负分出局

很多时候，他人只需看一眼你的外在形象，就能够决定是否与你交往。这便是我们常说的"先入为主"的心理在起作用。人们往往通过自己第一眼获得的信息来判断他人。也就是心理学上说的"第一印象"，

第一印象的好坏，在成功的道路上虽然不能起到一锤定音的关键作用，但是却能决定你在他人心中受欢迎的程度。

前几天，刘丽和李梅聊天时，聊到一位共同认识的一家公司的老板。李梅说："我很讨厌他这种人，仗着自己有点儿钱就很霸道，对自己的员工一点儿都不好。公司一共就那么几个人，还真以为自己是大老板，整天训斥下属的人，没有人能跟这样的人处理好关系！"

刘丽听到后，愣住了。因为这个老板跟她比较熟，而且关系

也不错。她一直认为他是个温和、有风度、讲义气的男人，而且他和妻子的感情也非常好。

刘丽问李梅，怎么会对他有这样的看法。李梅说："一次到他们单位找一个人，路过他的办公室时，看见他正在对一个员工气势汹汹地咆哮，那个样子很吓人啊！"

刘丽说："每个人都有发脾气的时候。大概你看到的一幕是因为员工工作上出了大问题，真的惹他生气了。"

李梅也点点头，说："可能吧，但我很讨厌对员工发脾气的老板。没办法，反正我对他是没有什么好感。"

李梅就因为看到了一幕老板对员工发火的情景，就断定这个老板不好相处，而且这个糟糕的第一印象恐怕很难改变了。

虽然人们常说不能"以貌取人"，但是真正接触某个人的时候，往往会本能地以貌取人，通过搜集到的信息来判断这个人的个性、品质、习惯等，以决定自己是否与之相处。尽管很多人都声称"第一印象不可信"，但是在他们的头脑中已经形成的判断，是他们短时间内无法抹掉的。所以，人们也常说"这个人我一看就知道他是一个什么样的人"。

那么，他人在跟你初次相处时，是如何对你进行判断的呢？当然，对你的第一眼判断起着关键的作用。从心理学的研究来看，他人对你的判断55%取决于你的外表——包括服装、个人面貌、体形、发色等；38%是自我表现，包括语气、语调、手势、站姿、动作、坐姿等；只有7%才是你讲话的内容。

心理学家还发现，当我们走进一个陌生的环境，人们立刻靠直觉给你进行至少10条总结：你的年龄、经济条件、教育背景、社会背景、精明老练度、可信度、家庭出身、成功的可能性、艺术修养、健康状态等。

人们总是坚信第一印象，而宁可忽视后来的印象，这就是心理学所说的"首因效应"。初次见面的基调决定了印象，以后再想改变别人对自己的印象，那是很难的。

对于那些自己看着就不舒服的人，人们会敬而远之；相反，如果对方在自己的审美范畴之内，自己便会对其产生好感。有的人吃了形象的亏，有的人却占了形象的便宜。比如《三国演义》中大才子庞统准备效力东吴，面见孙权。孙权见庞统相貌丑陋，心中先有不快，又见他目中无人，便将其拒之门外。

有个24岁的女孩，毕业于某所名牌大学。她已整整找了一年工作，但都没有音信，而且每每在第一关就被刷下来了，她一直搞不懂为什么。

没有办法，她只好去请求职业规划师的帮助。规划师第一眼看到她，就发现了问题出在什么地方。因为女孩将自己打扮成了一个邻家小女孩的模样：长长的头发顺肩而下，粉色蕾丝边的短裙刚刚过膝，显得十分可爱，也十分幼稚。

在规划师的建议下，女孩将发型作了改变，盘了个发髻在头上；简单的淡米色短款衬衫，搭配离膝10厘米的浅褐色A字裙，配上咖啡色的皮带及鞋,加上淡雅的妆容,整体显得端庄中带些亲和力。女孩由一个邻家女孩,成功地转变成典雅端庄的白领女性,整个人马上就显得聪明干练。经过这样的外形改变,女孩去面试,居然10家企业有9家都看中了她,而且开出了很好的条件,连她自己也不敢相信。

从心理学的角度来看,人们普遍喜欢那些穿着得体,为人热情、友好、宽厚、祥和的人,而厌恶那些穿着不得体,表现得缺乏修养、尖刻、好战、征服欲望强烈、自私自利的人。知道了这些,你就可以知道与人相处的时候,该如何注意自己了,以便给人留下良好的第一印象。就是说,你想在别人心里留下一个什么样的印象,你就要把自己打造成什么样子。他人会因为你"看起来就像个能干的人",而认为你是个能干的人。

所以,你要想在别人心里留一个好的印象,就要注意自己初次见面时的言行举止,不要心里总是想着"路遥知马力,日久见人心",或是自我安慰地认为"真人不露相",将第一印象不当一回事,那样你会很容易错失很多机会。

2.你是比我聪明，但别让我知道好吗？

俗话说得好："人心隔肚皮，虎心隔毛衣。"所以，聪明的人会在说话办事时隐藏自己的才华和锋芒，甚至千方百计地显示自己比别人蠢笨，这就是我们常说的"守拙"，这是掩饰自己、保护自己、积蓄力量、等候时机的人生韬略。

中国有一句成语叫作"锋芒毕露"，锋芒本指刀剑的锋利，如今人们将之比作人的聪明才干。古人认为，一个人如果看上去毫无锋芒，则是扶不起的"阿斗"，因此有锋芒是好事，是事业成功的基础。

在适当的场合显露一下自己的"锋芒"也是有必要的，但是要知道，锋芒可以刺伤别人，也会刺伤自己，所以在运用的时候要小心谨慎。物极必反，过分外露自己的聪明才华，会导致自己的失败。尤其是做大事业的人，锋芒毕露，尽展自己的聪明和优秀，非但不利于事业的发展，甚至还会失去自己的身家性命。

有一位年轻的海关员，参加了一个重要的行业座谈会。在座谈会中，一位海关司长对年轻的海关员说："海事法的期限是6年，对吗？"年轻的海关员愣了一下，看了看海关司长，然后率直地说："不。司长，海事法没有这项期限。"这位年轻的海关员后来对别人说:"当时,座谈会立刻静默下来,似乎温度也降到了冰点。虽然我是对的,他错了,我也如实地指了出来。但他非但没有因此而高兴,反而脸色铁青,令人望而生畏。尽管真理站在我这边,但我却铸成了一个大错,居然当众指出一个声望卓著的人的错误。"

在指出别人错误的时候,我们为什么不能做得更高明些呢?古希腊著名的哲学家苏格拉底在雅典的时候,一再告诉自己的门徒说:"你只知道一件事,就是一无所知。"英国19世纪政治家查士德裴尔爵士,则更加直白地训导他的儿子说:"你要比别人聪明,但不要告诉人家你比他们更聪明。"

无论你采取什么样的方式直接指出别人的错误:或是一个蔑视的眼神,或是一种不满的腔调,或是一个不耐烦的手势……都有可能带来难堪的后果。因为这等于在告诉对方:我比你更聪明。这无异于否定了对方的智慧和判断力,打击了他的自尊心,还伤害了他的感情。

这样做不但不会使对方改变自己的看法,还会引起他的反击。这时,你即使搬出所有的权威理论和铁定事实也无济于事。这不是给自己增加困难吗?因此,在指出别人错误的时候,应当做得高明一些,不要表现出我比你更聪明。

例如,你可以用若无其事的方式提醒他,让人觉得他不知道的好像是他忘记了,或者好像是他没说清楚,这将会收到神奇的效果。

著名科学家玻尔就是这样一位极其尊重他人但又非常坚持真理的人。当他对别人的观点提出不同意见时，他常常预先声明："这不是为了批评，而是为了学习。"这句话后来成为一句名言被人印在一期物理杂志的封面上，作为献给玻尔的生日礼物。一次，有人发表学术演讲，效果非常糟糕，玻尔也认为这个演讲"完全是瞎扯"，但他仍然热情地对演讲者说："我们同意你的观点的程度，也许比你所想象的还要大！"玻尔同爱因斯坦展开过一场为期近30年的学术大争论，两人的观点完全相对立。但爱因斯坦认为，在反对他的观点的阵营中，玻尔是最接近公正地处理他所代表的学术观点的人。

玻尔的这种态度及为人方面的其他杰出表现，不但有助于他取得巨大的学术与教育成就，而且使他深受人们爱戴，使他的为人甚至比他的科学教育成就更为人们所仰慕和歌颂。

锋芒是一把双刃剑，如果运用不当，就会刺伤别人和自己，所以你要加倍小心。

3.从次要的说起，别一张嘴就引起对方的戒心

在沟通的时候，我们不能确保每一句话都说得很妥当，但至少从第一句话开始就特别小心，以诚恳的语气来使对方放心，使对方了解我们不会采取敌对或者让对方没有面子的方式来进行沟通。这样，对方才会逐渐放松。

第一句话就引起对方的戒心，使他觉得自己可能会吃亏，或者可能会没有面子，他就会采取躲避的策略；躲不开的时候，也会且战且走。一旦对方想"溜"想"躲"，就不可能获得圆满的结果。

中国人说话很少开门见山，而是先寒暄一番，看看对方的反应如何。只有对方心情不错，才可以进一步沟通。如果没说两句话，对方就很不耐烦，甚至要端茶送客，那你就算有再重要的事也要忍一忍，因为此时多说无益，"话不投机半句多"便是此理。

有人可能认为寒暄是在浪费时间，有正事不说，非得在无关紧要的事上大费唇舌，是不分轻重的表现。其实，他们根本不懂寒暄的妙处。东拉西扯，说一些没有用的寒暄话，目的在于了解对方的情绪状态，并且产生稳定对方情绪的作用。不急着讲，先摸清楚情况再说，乃是上策。

你可以先说次要的，再说主要的，让他慢慢转变想法。将自

己的真实意图隐藏起来，先谈谈别的事情，增强彼此的亲近感，待消除隔阂后再慢慢将话题引向自己的看法或者是建议，最终顺利地达到预期的目的。

三国时期，刘备有位甘夫人，是个很会说话的女人。刘备与甘夫人的感情很好，即使在亡命途中，两人也是形影不离。

后来，有人向刘备献上一个精巧的玉人，高达三尺，栩栩如生，光彩照人。刘备爱不释手，就把玉人放置在甘夫人房间里，让两者媲美生辉。在他看来，自己已经有了巴蜀这块地盘，而且外事内政都有丞相诸葛亮在操持张罗，不用他费心，于是常常拥着甘夫人赏玩玉人，口中还念念有词："玉之可贵，德比君子，况为人形，而不可玩乎？"

如此一来，国事倒被放在了次要的位置。这可急坏了甘夫人。她知道，刘备经过长期努力，才由一文不名的贩夫而拥有西川，建立了蜀汉政权。这固然可贺可喜，但目前的这份基业还只是个开始，刘备应当更加努力、发愤图强。但是，自从建立蜀汉政权以来，刘备只顾着观赏玉人，意志消沉，大志即将磨灭。长此以往，哪里还能实现他囊括四海、复兴汉室的宏愿呢？甘夫人不能不忧虑。她几次想谏言，毕竟自己又是不参政的妇道人家，不好直言。

有一天，甘夫人从玉人本身触发灵感，想到了春秋时代"子罕不以玉为宝"的典故，于是以此为谏词，借古讽今来说服刘备："古代宋人得一玉石，献给宋国的正卿子罕。可是子罕不但不接受，连看都不看一眼。献玉的人说：'此玉呈玉人状，是一块稀世之宝,故而才敢奉献给你。'子罕却说:'我平生以不贪为宝贵,你是以玉为宝贵,若是将玉赠送给我,那么,你、我都丢失了宝贝。你丢掉的是宝玉,我丢掉的是廉洁这块宝。'所以子罕不以玉为宝,在春秋时代传为佳话。"

正当刘备听得津津有味之时,甘夫人又说:"现在曹操、东吴都未消灭,陛下你却对一块玉石爱不释手。你可知道,凡是淫、惑必生变,千万不能一直这样下去啊!"

甘夫人并没有开门见山地叫刘备发愤图强,而是以宝玉为比喻,婉转地表达自己的意思,这样就容易让对方接受。她首先以子罕不贪宝玉的典故作为话题,让刘备心情轻松舒畅,不会产生逆反和抵触心理。等他解除精神防线,正要听甘夫人继续往下说时,甘夫人却"总结陈词",让刘备如同醍醐灌顶,头脑猛然清醒,体会到对方讲典故的用意和良苦用心,反思自己因为玩物丧志而忘记国事。

假如从开始起,你就企图说服对方,让对方服从你,那么只能增加对方的防范心理,从而抵触你所说的话,而达不到说服对方的效果。

对方如果听不进去,就算你有千言万语,他也全当耳旁风。对方听得进去,是良好沟通的第一步。所以开口之前,必须谨慎,以免徒劳无功。当对方听不进去的时候,我们宁可暂时不说,也不要逼死自己。能拖即拖,并非完全没有道理。运用得合理,也是一种有效的沟通方式。

比如，一个推销员叫你赶快买他的产品，因为马上要涨价了，你可能会觉得他有意骗你，他的任务是赶快完成销售任务，而不是好心地为你省钱。但是如果你意外地听到他对他的好朋友说要买某种产品，那你肯定就相信了。因为这时你不会警觉他对你的"企图"。

再比如，人们一见面，通常会说些无关紧要的话：

"你最近气色不错。"

对方如果说："我最近吃不好、睡不好，气色怎么会好？"

那你就知道对方心情不佳，不管什么事都需要延后，贸然说出来，而对方一口回绝的话，连个商量的余地都没有了。

如果对方回答："还好，最近没什么烦心事。"说明他心情不错，有什么事都可以说了。

先说次要的，可以缓解对方的紧张甚至是排斥的情绪，如果对方摆明不想听你说话，你通过这些次要的寒暄可以渐渐使对方放松对你的戒备。

4.多给别人贴一些好的"标签"

生活中，你会发现，有些事情你自己本来没有把握，但是你期望它能办成，结果它居然就成了。

几天前,子豪和静雯两人接手一个工作项目。由于子豪的精力要放在另一个更重要的项目上,所以希望静雯能独立完成这项新任务,但是以前静雯对子豪是很依赖的。

子豪知道静雯并没有把握独自完成任务,只好为她打气:"其实这并没有什么。要是我一个人来做,大概半个月能完成,何况现在给了你一个月时间呢!应该绰绰有余!"子豪说这话时,自己心里是没底的,因为他自己一个人来操作,至少也要将近一个月时间。最后,子豪拍着静雯的肩膀说:"放心吧,这件事对我来说是小菜一碟!等你实在完成不了的时候就交给我吧!"静雯相信了子豪。

尽管在做的时候,静雯遇到了一些困难,但这些困难都被子豪说得很轻松,子豪也协助静雯找资料,调查市场。在整个过程中,再困难,静雯也没有抱怨过一句话,可能静雯真的认为这个任务并没有什么,或是认为即使遇到了困难,也有师傅子豪来搞定,所以静雯一直都表现得很轻松。结果是静雯竟然独自一人在规定的时间内很好地完成了任务。这是子豪没有想到的。可见,子豪对静雯的暗示起到了很大的作用。

心理暗示的作用是巨大的,不但能影响人的心理与行为,还能影响人体的生理机能。因此,消极的暗示能扰乱人的心理、行为以及人体的生理机能,而积极的暗示则能起到增进和改善的作用。

美国田纳西州有一座工厂，许多工人都是从附近农村招募的。这些工人由于不习惯在车间里工作，总觉得车间里的空气太少，因而顾虑重重，工作效率自然降低了。

后来，厂方在窗户上系了一条条轻薄的绸巾，这些绸巾不断飘动着，暗示着空气正从窗户里涌进来。工人由此去除了"心病"，工作效率随之提高。

刚刚学骑自行车的人骑车上街，心里特别紧张，怕撞到别人，心里紧张，默念"别撞上，别撞上"，可结果却偏偏撞上。参加重大考试，告诉自己"别紧张，别紧张"，可往往是脑中一片空白……

美国著名心理学家罗森塔尔和雅格布森曾做了一项有趣的研究。他们先找到了一个学校，然后从校方手中得到了一份全体学生的名单。在经过抽样后，他们向学校提供了一些学生名单，并告诉校方，他们通过一项测试发现，这些学生有很高的天赋，只不过尚未在学习中表现出来。其实，这是从学生的名单中随意抽取出来的几个人。有趣的是，在学年末的测试中，这些学生的学习成绩的确比其他学生高出很多。

这就是教师期望的影响。由于教师认为这个学生是天才，因而寄予他更大的期望，在上课时给予他更多的关注，通过各种方式向他传达"你很优秀"的信息,学生感受到教师的关注,因而产生一种激励作用,学习时加倍努力,因而取得了好成绩。

海伦在这家外贸公司工作已经3年了,国际贸易专业毕业的她在公司的业绩表现一直平平。原因是她以前的上司胡悦是个非常傲慢和刻薄的女人,她对海伦的所有工作都不加以赞赏,反而时常泼些冷水。

一次,海伦主动搜集了一些国外对公司出口的纺织品类别实行新的环保标准的信息,但是胡悦知道了,不但不赞赏她的主动工作,反而批评她不专心本职工作,后来海伦再也不敢关注自己的业务范围之外的工作了。海伦觉得,胡悦之所以不欣赏她,是因为她不像其他同事一样奉承她,但是她自问不是能溜须拍马的人,所以不可能得到胡悦的青睐,也就自然地在公司沉默寡言了。

直到后来,公司新调来主管进出口工作的Sam。从美国回来的Sam性格开朗,对同事经常赞赏有加,特别提倡大家畅所欲言,不拘泥于部门和职责限制。由于Sam的积极鼓励,海伦工作的热情空前高涨,她也不断学会新东西,起草合同、参与谈判、跟外商周旋……海伦非常惊讶,原来自己还有这么多的潜能可以发掘,想不到以前那个沉默害羞的女孩,今天能够与外国客商为报价争论得面红耳赤。

如果你要鼓励某个人,就要经常给他积极的暗示。只要有充满信心的期待,事情就会顺利进行。

在电视连续剧《士兵突击》中,班长史金每一次在许三多经历失败的时候,总是采用多种积极的心理暗示告诉他一定能成功。在这种暗示下,许三多每次都战胜了重重困难,最后蜕变为一个优秀的狙击手。许三多的成功告诉我们,积极的心理暗示对一个人的成功有着巨大的影响。

一个标签,无论是"好"还是"坏",对一个人的个性意识的自我认同都有着强烈的影响作用。

我们经常听到一些家长在哄小孩的时候说,"你是一个乖孩子,玩具要给弟弟玩""你比弟弟勇敢多了,就应该比弟弟先打针嘛!"这样,小孩子即使不情愿,也会很满足地照着家长的话去做。其实,何止小孩,成年人的举动都会受这种话的影响。

"既然在别人的眼中,我是优秀的,那么我就要做得很优秀,和别人的期望相符,绝对不能让他人失望。"这是人们的普遍心理。

有一个男人,在结婚之前很勤快,跟其他的单身男子比起来,他的宿舍整齐干净多了。但是自从结婚后,就常听到妻子抱怨,"你这个懒人!""你也太懒了吧!"妻子对他的评价就是"懒""非常懒",并数落他不做饭、不拖地、衣服洗完了也懒得从洗衣机里面拿出来晾干。

有一次,朋友笑着对他说:"你以前有这么懒吗?是不是仗着自己找了个勤快的老婆,自己就不干活儿了?"他说:"有时候我本来想做点儿家务,可是一听到她说我懒,我就不想做了,既然我是个'懒人',那么我就干脆不做了。懒到底好了!慢慢地,我就真的懒了。"

可是,只要一回到父母家,他就很勤快,因为他的老母亲从小到大都夸他,经常在邻居面前说她的儿子"勤快又孝顺!""只有5岁大的时候,他就拿着扫把打扫屋子"。他的邻居都知道他是个勤快的孝子。所以每次回父母家他都表现得很勤快,特别是在邻居面前。

这个男人本来是勤快的,结果他的妻子无意间给他贴上了一个"懒人"的标签,就让他变懒了;而他的母亲给他贴的标签是"勤快",所以他在母亲面前就表现得很勤快。不好的标签就是一种负向的"期望",会像魔咒一样控制他人的思想和行为。

第二次世界大战期间,美国心理学家在招募的一批行为不良、纪律散漫、不听指挥的新士兵中做了如下试验:让他们每人每月向家人写一封说自己在前线如何遵守纪律、听从指挥、奋勇杀敌、立功受奖等内容的信。

结果,半年后这些士兵发生了很大的变化,他们真的像信上所说的那样去努力了。

这种现象在心理学上被称为"标签效应"。标签效应实际上也是一种暗示作用。我们经常说的给某人"戴高帽",其实就是给某人贴标签。美国心理学家贝科尔认为:"人们一旦被贴上某种标签,就会成为标签所标定的人。"

一个标签,无论是"好"还是"坏",对一个人的个性意识的自我认同都有强烈的影响作用。如果你希望对方是个有决断力的人,那么,不管他是不是这种人,你都可以给他冠上"你是个做事很有决断力的人"的帽子。对方的自尊心得到满足,便不得不按照你给他贴上的"标签"去行动。也就是说,他会受到这个"标签"的约束。

给一个人贴"标签"的结果,往往是使其向"标签"所喻示的方向发展。

记住,多给别人贴一些好的标签,对他人有积极的暗示,能鼓励他们像标签所注明的那种去做。

5.语言中最次要的1个字——"我"

人们最感兴趣的就是谈论自己的事情,而对于那些与自己毫不相关的事情,众多的人觉得索然无味,对于你自己有浓厚兴趣的事情,不仅常常很难引起别人的兴趣,而且还令人觉得好笑。

《福布斯》杂志上曾登过一篇"良好人际关系的一剂药方"的文章,其中有几点值得借鉴——

语言中最重要的5个字是:"我以你为荣!"

语言中最重要的4个字是:"您怎么看?"

语言中最重要的3个字是:"麻烦您!"

语言中最重要的2个字是:"谢谢!"

语言中最重要的1个字是:"你!"

语言中最次要的1个字是:"我"。

亨利·福特二世描述令人厌烦的行为时说:"一个满嘴'我'的人,一个独占'我'字,随时随地说'我'的人,是一个不受欢迎的人。"

著名主持人蔡康永写过一篇小文,针对"我"字发表感想如下。

你有没有发现这样一个现象:聊天时,每个人都想聊自己。

当你在东指西画地大谈:"昨天晚上,我去倒垃圾的时候,前男友正好开车经过我面前,我额头刚好长了两颗大痘痘……"

当你这样废话连篇,而你对面的人,却认真地睁着眼睛看着你,专注而关心的时候,你会觉得这个人是你最上道的朋友,是你最想倾吐心事的对象。

反过来,当你自己想要被别人喜欢的时候,你只要把别人放在你自己的位置上来想,那就轮到你来扮演这个"最上道"的朋友了。扮演这样一个朋友,原则非常简单:尽量别让自己说出"我"字。

听起来很容易,但你可以试试看,跟朋友聊天10分钟,不要说出"我"字。每次想说"我"字时,都改成"你"字或"他"字。

你会发现这10分钟里面,本来不断说着"我昨天……""我觉得……""我买了……"这些句子的自己,忽然变成一个不断把话题丢给对方,让对方畅所欲言的超级上道的人。

也许你会说,你又不是在陪客,为什么要让对方畅所欲言,而不是让自己畅所欲言?

答案很简单,你的朋友们,也不是在陪客,他们凭什么要永远让你畅所欲言?

的确,在人际交往中,"我"字讲得太多并过分强调,会给人突出自我、标榜自我的印象,这会在对方与你之间筑起一道防线,形成障碍,影响别人对你的认同。

因此,在语言交流中,请避开"我"字,用"我们"开头。

竭力忘记你自己,不要总是谈你个人的事情,人人喜欢的是自己最熟知的事情,那么,在交际上你就可以明白别人的弱点,而尽量去引导别人说他自己的事情,这是使对方高兴最好的方法。你以充满同情和热诚的心去听他叙述,你一定会给对方以最佳的印象,并且对方会热情欢迎你、热情接待你。

如果你在说话中,不管听者的情绪或反应如何,只是一味地提到"我"如何如何,那么必然会引起对方的反感。如果改变一下,把"我"改为"我们",这对你并不会有任何损失,只会获得对方的好感,使你同别人的友谊进一步加深。

我们经常看到记者这样采访:"请问我们这项工作……"或者:"请问我们厂……"经常发现演讲者使用"我们是否应该这样""让我们……"等表达方式。这样说话能使你觉得和对方的距离接近,听来和缓亲切。因为"我们"这个词,也就是要表现"你也参与其中"的意思,所以会令对方心中产生一种参与意识。

比如"你们必须深入了解这个问题",便拉开了听众与演讲者的距离,使听众无法与你产生共鸣。如果改为"我们最好再作更深一层的讨论"就会缩短与听众之间的距离,使气氛立刻活跃起来。

6.拒绝,同样是一门学问

通常情况下,人们对自己提出的要求总是念念不忘。如果长时间得不到回音,就会认为对方不重视自己的问题,反感、不满将由此而生。相反,即使不能满足对方的要求,只要能做出些样子,对方就不会抱怨,甚至会心存感激,主动撤回让你为难的要求。

当然，如果是对于那些你本来就不想亲近的人，那么拒绝对方的时候就要坚定，不要让对方对你有所希望。

我们经常会遇到他人求自己办事，对于那些能帮的事，当然是尽量施以援手；但是自己也有不方便之时，不得不拒绝，这样就会得罪人，影响到你和他人之间的关系。

你在某个陌生的环境中问路，有人对你说"不知道！"或是直接不理你，你就会感到对方能帮你却有意不帮你；而有的人对你说"我也不知道怎么走，你去问问报刊亭的老板吧"，你就会很感激地觉得他是个好人。同样是拒绝，有的人拒绝他人，能让对方心存感激；有的人却留给他人很不好的印象。

那么，当你遇到这种情况的时候，一般是怎么处理的呢？当对方提出某种要求，你又无法实现时，如果你不想伤了感情，可以造成全力以赴的错觉，让对方觉得你真的是尽力了，即使最终没有达到目的，对方也会对你心存感激。而且在你的能力范围内无法实现，对方就会主动放弃继续找你。

比如，当对方提出你不能满足的要求后，就可采用以下步骤：先答复："您的意见我知道了，请放心，我会努力去做。"过几天，再通知对方："这几天科长因急事出差，等下星期回来，我立即报告他。"又过几天，再告诉对方："您的要求我已转告科长，科长答应在公司会议上认真讨论。"尽管事情最后不了了之，你也会给对方留下好感。

实际生活、工作中，我们很难做到，其实也没必要做到"有求必应"，必须的时候应该学会"拒绝"。

拒绝，同样是一门学问，应该体现出个人品德和修养，使别人在你的拒绝中，一样能感觉到你是真诚的、善意的、可信的。我们应该遵循以下原则。

首先就是要说出真实情况。

在拒绝的过程中，还想和对方保持的良好关系，就要采取换位思考、同情的语调来处理。有的人在拒绝的时候，因为不敢实话实说，采用闪烁其辞的方式反而让对方产生很多不必要的误会。

其实，拒绝本是件很正常的事情，别人有求于你的时候，也多少会有这个思想准备。只要处理得当，因为拒绝而伤害关系的并不多；倒是拒绝的时候吞吞吐吐、模棱两可，反而让人产生反感，而更容易影响关系。

二要选择好拒绝的时间、地点和机会，类似于着装礼仪中的TPO原则。

当你拒绝别人的时候，这是必须考虑的因素：及早拒绝，以免耽误了对方的计划、伤害对方。要据实，向对方表明你的态度，好让对方有所准备。坚决拒绝，避免迂回曲折。

在婉言拒绝的时候，一定要让对方觉察到你的态度，不要绕了半天连自己都不知道表达的是什么意思，更别说对方能理解了。一定要让对方明白：这一次拒绝，还有下次机会。从场合来看，在小的场合更容易拒绝对方，也更容易被对方接受。从心理学的角度来说，和对方正对着脸的时候，拒绝最不容易让人接受。

三要给对方留条退路。

当你拒绝那些总喜欢坚持自己的意见、自以为是的人时，要好好考虑。这种人的自尊心很强，直接拒绝的方式无疑会使他们下不了台。所以，你首先就要把对方的话从始至终地再听过一遍。当你仔细听完对方的话后，心里再决定怎样去拒绝和说服对方。

不好正面拒绝时，可以采取迂回的战术，转移话题也好，另有理由也好，主要是善于利用语气的转折——温和而坚持——绝不会答应，但也不致撕破脸。

四是用友情来说服对方。

想让自己拒绝的意见不引起对方的反感，最好让他明白：你是忠实的朋友；自己并不强迫他接受反对的意见；你是最关心他的人，是从他的长远利益来考虑的。

比如，先向对方表示同情，或给予赞美，然后再提出理由，加以拒绝。可直接向对方说明你的客观理由，包括自己的状况不允许、社会条件限制等。通常这些状况是对方也能认同，并觉得你拒绝得不无道理。由于先前对方在心理上已因为你的同情使两人的距离拉近，所以对于你的拒绝也较能以"感同身受"的态度来接受。

五是身体语言拒绝。

有时开口拒绝对方也不是件容易的事,往往在心中演练了很多次该怎么说,一旦面对对方又下不了决心,总是无法启齿。这个时候,你可以轻轻地摇摇头。摇头代表否定,别人一看你摇头,就会明白你的意思,之后你就不用再多说了。类似的身体语言包括:采取身体倾斜的姿势、目光游移不定、频频看表、心不在焉……

7.有时,沉默的确是金

再亲近的朋友与亲戚,都不可能每分每秒喋喋不休讲个不停。不讲话时,会有一段时间沉默。但沉默未必是坏事,适度的沉默,不但不会令谈话降温,还能使彼此的交流更顺畅。

沉默是一种无声的语言,并不是所有的对话都持续状态才有意义。一般来说,一个人如果重复并且长时间听一个话题,注意力就会逐渐分散,厌烦对方的谈话,可能导致"你说你的,我走神你也不知道"的局面产生。这样的对话看似在进行,实际上却在受阻。因此,一旦遇到这种情况,突然的沉默就能发挥作用了。谈话者可以突然沉默不语,这样听者自然就会把注意力转移到你身上。

听话者也可以利用突然沉默这一策略打断对方的谈话，引出自己想谈的话题。这样既能使谈话的人反省，又不伤害他的自尊。

比如在办公室，你的一位同事已经告诉你好几次他的一件事，你已经听得耳朵起茧了。但作为同事，遇到这种情况，你又不能直接对他说"你已经说了好多遍这件事了"，这样做会伤害他的自尊。如果继续听下去，你的心情真的不太好。因此，当他滔滔不绝时，你不妨突然沉默不作任何回应，让他自觉停止谈话，然后你再趁机巧妙转移话题。

突然沉默之所以能终止那些让你感到厌烦的话题，是因为你的沉默让对方感到意外，他会在心里嘀咕："为什么这人一点儿反应都没有？是在想别的，还是不想听我的？"带着这样的疑问，对方不得不停下他喋喋不休的说辞，想办法找些你喜欢的话题来说。

有时候沉默的确是金，更是一种倾听的技巧与智慧。沉默在一定程度上甚至具有恭维效果。

张磊与孙谦同是一家大型文化传播公司的策划，两人的项目设计均思维缜密、创意十足。按理说他们的水平旗鼓相当，在公司也应是平分秋色，但偏偏是张磊被提拔为策划经理。

孙谦不能接受的是，每次讨论他的策划方案，大伙儿都提不出什么意见来。偶尔有人说点儿什么,孙谦都据理力争,直到让对方哑口无言,虽然大家都认为他说得有理,但感觉他有点儿清高。特别是有时总监极有风度地指出他策划案中的某些缺陷时,孙谦显得欠沉稳,每次都要把总监辩倒才罢休,总监觉得孙谦不给他面子。

相比之下,张磊就特别平易近人,讨论他的策划案时,他通常不辩解什么,大部分时间都在沉默。无论是领导还是同事,不管是水平高的还是水平低的,都可以畅所欲言。张磊谦虚豁达,从善如流,他对每个人的意见都详细记录。即使有时候觉得别人是错的,他也会时不时保持沉默,洗耳恭听。最后,修改过的策划书必定是融汇百川,但又能以最高层的意见为主线。为此,公司里的领导和同事都愿意为他的策划案提出自己的看法。

等张磊和孙谦都想竞聘策划经理的时候,大家几乎是不约而同地投了张磊的票,而孙谦则愤然跳槽。过了两年,听说孙谦再次跳槽,而张磊则春风得意马蹄疾,据说要担任策划总监一职了。

有时候争辩、抢夺别人的话让人觉得得不到尊重,觉得你不喜欢倾听他的话。这并不能给你带来什么好处,而适当的沉默则是一种倾听智慧,它在帮你赢得人缘的同时,也征服了所有人的心。

每个人都会有情不自禁地表达自己内心想法的冲动。当你看到你的朋友和另外不认识的人聊得起劲儿时,可能有参与进去的想法。但是如果在他人说话的时候,不顾当事人的感受,不分场合与时机,随便插嘴抢话,这不仅扰乱了谈话人的思路,还会引起对方的不快,有时甚至会产生不必要的误会。更糟的是,也许他们正商议某件非常重要的事情,因为你的加入,使他们无法集中思想谈下去。或许他们正在热烈讨论,苦苦思索解决一个难题,由于你的插话,他们思维卡壳,忘了刚才的话,导致一场失败的讨论。

这天, 刚开贸易公司不久的江涛和几个客户在办公室里谈生意,谈得差不多的时候,江涛的一位朋友来了。这位朋友平时就是大大咧咧,他以为这几个客户是来找江涛闲谈的人,于是他不问缘由,就开始插话:"哇,我刚才坐地铁的时候,看见一个老头和一个年轻人因为座位发生争执……"江涛给他使了个眼色,示意他不要说,但他却说得津津有味。江涛告诉他:"这几个是我的新客户,我们正在谈生意。"这位朋友顿感尴尬,借口去洗手间,悻悻地离开办公室。

"刚才说到哪里了?"几个人想继续刚才的话题。可刚出去的这个朋友觉得挺失礼的,又回来向人家道歉。于是再次走进江涛办公室,左一个"对不起",右一个"对不起",然后又开始啰嗦自己刚才的话。

客户见谈生意的事被打乱, 就对江涛说:"你今天先和朋友聊吧,我们改天再来拜访。"客户说完就走了。不多久,江涛再次邀请这几位客户时,人家已经把订单给别的厂家了。

如果没有这个朋友过来插话，江涛可能早就做成一笔大生意了。这件事后，江涛很长一段时间都不想理会这个朋友。

随便打断别人说话或中途插话，不仅有失礼貌，而且往往在不经意之间就破坏了自己的关系网。要获得好人缘，要想让别人喜欢你，万万不可在别人说话时随便插嘴。

当你想插话时，请提醒自己耐心再耐心，至少听完对方的话再发表观点。

心理学上有个名词叫作"心理定势"。即当一个人心里有事或有想表达的话题时，他就会启动其心理定势准备讲话，直到他把事情全部说完，他的心理定势才会转而倾听别人的话语。所以，你要想让别人倾听你，首先必须做到不随便打断别人说话，也不随便插话，学会耐心听对方讲话。这么一来，对方就会有一种你很注意听他说话的感觉，认为你尊重他的意见，等他说完之后，他理所当然想听听你的想法。

如果你要发表观点，最好能做到即便话语遭到反对，或某人要发牢骚时，也耐心地听对方把话讲完，并询问对方是否还有别的什么观点要表达。这样做就消除了对方的抵触情绪，使他意识到你对他观点的兴趣。

如果实在是想插话，最好这样做。

当对方担心你对他的话题不感兴趣，显露出犹豫、为难的神情时，你可以趁机插入一两句话，让对方知道你在听，并且喜欢他的谈话。你可以说诸如"我对你说的话题十分感兴趣""你能谈谈那件事吗?我想多了解一些""请你继续说,很有意思"。一旦你向对方传达一种"我愿意听你说话"的意思后,对方就会更喜欢和你交谈。

当对方在叙述中加入过多的主观情感,甚至不能控制自己的情绪时,你可以用一两句话来疏导,诸如"你一定很生气""你心情看起来很烦躁""你心里很难受吧"。对方听到你说这些话后可能会发泄一番,因为,这些话的目的就是鼓励对方把心中那些不良情感"诱导"出来,当对方发泄一番后,会感到轻松、解脱,也更想继续聊下去。

第七章

喜欢钱并没有什么错，
关键你在为谁工作

有段时间，因为我的助理一个人忙不过来，于是我决定给她配个文员做帮手。有人推荐了一名女生小田，简历上干净漂亮，本科，学文秘的。

第一天，小田接到一个电话，马上跑到我助理的屋里说："某家公司打电话，问罗老师下个月去不去作报告，我该怎么回答？"

"噢？日程上是怎么安排的？"

"我还没看。"

我助理皱了皱眉头："那你应该告诉他，我们会按日程表做的。"看到她脸红了，为了安慰她，助理就说："你先把日程安排和公司规章等熟悉一下，慢慢来，不要急。"

"好的！"小田跑了出去。可是第二天，我助理问她："下星期要的那几份文件在哪里？"小田却回答："我还没打好呢。"

"什么，马上周末了，下星期就要，那你昨天一整天在干什么？"

"你不是说不急，慢慢来吗？"小田回答。"你没说今天必须要啊。"

我助理非常生气，催促她快点儿动手，同时自己去资料室找资料了。可是过了不多一会儿，小田又怯怯地敲开了门，这回我助理不在，办公室里只有我，她对我说："对不起，我还得再打扰一下。打印机坏了，怎么办？"

这下，轮到我火冒三丈："什么？难道你想让我帮你修打印机？"

"不！我不是这个意思。我的意思是……"

"不管你是什么意思，你可以走了。"我干脆地炒了她的鱿鱼。因为她的意思我很清楚，打印机坏了，要她当天完成的文件可能不能按时打印并上交。但幸亏她没有说出来，否则我一定会更恼火。首先，她不应该像算盘珠子一样拨一拨动一动，把客气话当真，不会举一反三，导致工作拖到最后期限；其次，打印机坏了不应成为不能工作的理由；而让我干脆地解雇她的理由是,她不应该老把具体问题交给我和我的助理,难道作为老板,单纯是员工问题的解决者?

职场上最忌讳的是把问题留给老板。老板聘请你来,是让你来解决问题的,你的工作就是要解决问题。在老板眼里,你解决问题的能力就是你的职场竞争力。

遗憾的是,很多人不明白这个道理。他们把问题留给老板的时候,也错失了从问题中成长的机会。著名的作家阿尔伯特·哈伯德曾经说过:"每个雇主总是在不断地寻找能够助自己一臂之力的人,同时也在抛弃那些不起作用、不能适应公司文化的人——那些到哪个岗位都无法发挥作用的人,迟早都会被淘汰。"

1.假如第一份工作就有好薪水

"工作不为钱"这话乍一听太虚伪了,可是,心理学家研究发现:"当我们的金钱达到了一定的程度就不再诱人了。"

我们当然不能不拿钱白干活儿,但是如果你想有所作为、有所成就,就不要单单以金钱的多少来衡量自己工作的意义,不要仅仅盯着他人的工资单。

福特汽车创始人亨利·福特十分欣赏一位年轻人的才能,很想帮助他实现梦想,然而,当年轻人说出他的梦想时,福特却被吓了一跳,原来,这个年轻人最大的愿望就是赚足100亿美元——比福特当时所有财产的10倍还多很多!

亨利·福特问:"你要这么多钱干什么?"

年轻人想了一下:"我一直都很崇拜你,超过你的财富是我人生的最大目标!"

"如果你仅仅是为了钱而工作,你就会失去'前途'和'钱途',你还是好好想想吧!"亨利·福特愤愤地说。后来,亨利·福特就不再和年轻人见面。

5年后的一天,年轻人又回到福特汽车公司,找到福特说:"这些年我已经明白仅仅和他人比富最终都会一无所有,从现在开始我要对自己的人生负责,开始做一些有意义的事……现在,我想办一所大学,但我还差一半资金,请您借给我10万美元,可以吗?"

福特竭尽所能帮助这个年轻人,两人再也没有提过100亿美元的事。

几年后,这个年轻人依靠自己的能力和亨利·福特的帮助取得了成功,建成了自己的大学——伊利诺斯大学,圆了梦想,他,就是本·伊利诺斯！

在我们的日常生活中，很多人都像当年的本·伊利诺斯一样，整日盯着别人的工资单，以拥有金钱的多少来定义自己的成功，不遗余力地为钱而工作，工作对于他们也就是一种赚钱的工具而已。

然而，这种没有责任心的方式最终让他们失去更多赚取金钱的机会，甚至让他们葬送了自己的前程。因为一个人的工资是大致固定的，而工作的多少却是不定数，若是在"金钱"视野下，当没有钱作为动力时，他们就对手头的工作失去了兴致，而无论什么工作，只要你摆脱物质欲望，忽视了金钱的动力，你都会投入无限的热情。在这个过程中，你就能发挥自己的最大的才华和潜力，最终在不断的提升中，实现了自己真正的需求——自我实现的需求。

对于员工而言，工作能给你生活以保障，又能给你工作以乐趣，工作是生命中最重要的礼物。唯有感恩，唯有懂得珍惜，我们才对得起这份生命中的恩赐。是工作给了你一切，你应该并且必须对工作、对企业、对提携你的上司和关心你的同事抱一种感恩与珍惜的态度。

英国的卡尔·普兰斯到南威尔士地区波斯考尔海边度假胜地度假时，与母亲、一个弟弟和三个姐妹购买一张彩票，幸运地中了690万英镑大奖。

暴富后，普兰斯和妻子吉莉恩把他俩位于威尔士首府加的夫的一套住房送给19岁女儿莎拉，并为两个儿子还清住房抵押贷款。

普兰斯自己辞去在铁路企业的火车司机工作，在"福地"波斯考尔海边的度假胜地买下一处价格6.4万英镑的活动住房，实现了儿时梦想。同时，他开始出国度假旅行。

一段时间后，普兰斯意识到自己多么怀念先前的工作。"中奖后，我去了国外度假，但我不能忍受自己下半辈子都做这个，"普兰斯说，"我们去过希腊、大加那利岛、特内里费和西班牙，但我开始渴望回到工作岗位。"

"一些人可能认为我有这么多钱，工作可以放弃，但火车已经融入我的血液，"普兰斯说，"我父亲和祖父都在铁路上干了一辈子，我不能把余生花在度假上。"

普兰斯申请回到铁路公司，最后得到许可。不过，由于没有通过体检，普兰斯无法继续当司机，改行当上资源经理，负责为火车司机和铁路保安制定执勤时间表。"我当时失望地获悉，由于听力损伤，我无法回到司机岗位，"普兰斯说，"但当他们向我提供一份办公室工作时，我倍感欢喜，因为它意味着我将再度同火车和我的老同事打交道。"

后来，普兰斯重返心爱的铁路，做回每天清晨5点起床、周薪600英镑的工薪族。

即使再富有，普兰斯也无法舍弃工作。生命之中能让一个人感觉到最牵挂、最留恋、最不舍、最珍贵的就是工作,每个人都大抵如此。正如铁路公司发言人所说,一旦工作融入血液,每个人都甘愿留在正确的轨道上,甘愿工作。

有位老师告诫马上要走上工作岗位的学生:"假如第一份工作就有很好的薪水,那算你的运气好,要努力工作以感恩惜福;万一薪水不理想,就要懂得在工作中磨炼自己。"无论我们取得了多大的成就,身处什么样的地位,都应该珍爱自己的工作。

一位公司的优秀职员曾说:"是一种感恩的心情改变了我的人生,当我清楚地意识到我无权要求别人时,我对周围的点滴关怀都抱强烈的感恩之情。我竭力要回报他们,我竭力要让他们快乐。结果,我不仅工作得更加愉快,所获帮助也更多,工作更出色。我很快获得了公司加薪升职的机会。"

如果你能每天抱着一颗感恩的心情去工作,在工作中始终牢记"拥有一份工作,就要懂得感恩"的道理,你一定会成为出类拔萃的员工。

2.每天多做一点,你不吃亏

如果你希望将自己的右臂锻炼得更强壮,唯一的途径就是利用它来做最艰苦的工作。相反,如果长期不使用你的右臂,让它养尊处优，其结果就是使它变得更虚弱甚至萎缩。身处困境而拼搏能够产生巨大的力量，这是人生永恒不变的法则。

如果你能在做好分内的工作后，再每天多做一点点，那么，不仅能彰显自己勤奋的美德，而且能使自己具有更强大的生存力量，从而摆脱困境。

一位英国知名作家兼战地记者，在第二次世界大战结束后谋到了一个写广告剧本的差事。出于信任，广告商并没有明确要求他一共需要写出多少个剧本。心平气和的作家一直不停地写，最后竟然完成了2000个广告剧本。

这个成绩，后来连他自己都感到吃惊，如果当初广告商要与他签订合同的话，别说2000个剧本，就是1000个，他也未必敢揽这份差事。

有一种现象，叫"蝴蝶效应"。据说，很多年前在纽约刮起的一场风暴，起因是东京有一只蝴蝶在扇动翅膀。这只蝴蝶翅膀的振动波，正好每一次都被外界不断放大，不断被放大的振动波越过太平洋，结果就引发了纽约的一场风暴。于是，有专家便把这种现象称为"蝴蝶效应"。

"蝴蝶效应"的本质是，每次作用的一点点叠加，最终会带来翻天覆地的变化。

有位妇产科医师，他会在每位孕妇生完孩子出院后，亲自打电话向她们表示问候。他向我讲述这样做的原因时说："主要是出于一种善意，是想表达我对母亲和婴儿目前情况的关怀，不管现在照料她们的是什么人，我都会打这些电话。当然还有一个自私一些的因素——我希望这些新母亲日后会将她们怀孕的朋友介绍到我这里来。"

一位保险公司的专员，他在每次处理完索赔案件之后，都会打电话或拜访投保人，确保他或她对一切感到满意。由于投保人已经确信保险公司会真正赔偿，所以这个电话正好可以让投保人再评估一下是否还有其他保险需求。这种适时的电话对双方来说实在是再完美不过了。

星云大师说，我认识一位服装销售员，他在顾客购买新衣服一个月后，会打电话询问他们，是否对商品感到满意。在电话里，他也会顺便告诉顾客，店里最近又进了一批新货。每个行业里的聪明人都会"在自己卖出的蛋糕上加一点装饰"。比如，想要争取市场占有率的计算机公司会在产品售出后对客户做后续访问，以确保所有系统正常运行。

那些希望取得好成绩的学生，在准备论文报告时会多用一点心思。比如，使报告的版面更整洁，或把报告放在干净的资料夹里，而且他们一定不会忘记把教授的名字正确地打在报告上。

怎样让一个蛋糕产生独特而诱人的魅力呢？当然是在蛋糕上加些美丽的装饰，那些冰柱状的奶油是在蛋糕烘烤后才加上去的。有些糕饼店会根据客户的需求，为他们量身订制蛋糕上的装饰，并因此而生意兴隆。

"在蛋糕上加点装饰",让人们得到超过他们预期的东西,而这种"装饰"可能仅仅是一个问询电话这种简单的小事。

你的工作,就像是一个经过烘烤的生面团,但当你为它多加上一点"装饰"时,你就已经让这个普通的生面团成为地道的美食了。试试看吧,如果你做到了,你一定会享受得到它带给你的回报。

每次进步一点点,每天多做一点点,最终会带来"翻天覆地"的变化。

如果你是一名货运管理员,也许可以在发货清单上发现一个与自己的职责无关的未被发现的错误;

如果你是一个过磅员,也许可以质疑并纠正磅秤的刻度错误,以免公司遭受损失;

如果你是一名邮差,除了保证信件能及时准确到达,也许可以做一些超出职责范围的事情…

还有——

每天笑容比昨天多一点点;

每天走路比昨天精神一点点;

每天行动比昨天多一点点;

每天效率比昨天提高一点点;

每天方法比昨天多找一点点。

……

在建立了"每天多做一点的"的好习惯之后,这种习惯使你无论从事什么行业,都会有更多的人指名道姓地要求你提供服务。

3.当初,不是为了生气而来公司的

不管走到哪里,都能发现许多才华横溢的失业者。当你和这些失业者交流时,你会发现,这些人对原有工作充满了抱怨、不满。要么就怪环境不够好,要么就怪老板有眼无珠,不识才。总之,牢骚一大堆,积怨满天飞。殊不知,这就是问题的关键所在——抱怨的恶习使他们丢失了责任感和使命感,只对寻找不利因素兴趣十足,从而使自己发展的道路越走越窄,不断退步。

事实上,你很难找到一个成功人士会经常大发牢骚、抱怨不停,因为成功人士都明白这样的道理:抱怨如同诅咒,怨言越多越容易退步。

张岩大学毕业后,凭着自己在学校的优异成绩,进入一家合资企业工作,预计在5年内升为公司部门经理。

雄心勃勃的张岩进入公司后准备大干一场。企业的文化提倡民主,提倡基层员工与管理层平等对话和沟通,他对此非常认同,就常常根据自己的看法向部门老板提一些意见,而部门老板也的确是一副虚心好学的态度,非常耐心地倾听。可是过后张岩却很少得到及时反馈,他就认为部门老板不是虚心接受,而是坚决不改。

于是,张岩就不再提意见,而是开始发牢骚。时间一长,他的工作满意度开始下降,工作也经常出错,遭到老板的多次批评。不久,公司解聘了她。

张岩自我安慰地说,换个工作环境也好,不久进入一家外资公司。可没过多久,他发现这家公司的管理跟以前那家不能比,日常运作存在太多问题。一时间爱抱怨的毛病又上来了,为此还跟顶头上司发生了几次争执。这次他不等被解聘,就主动提交了辞呈。

就这样,5年的时间里,张岩换了数十个工作,每次都是发现新公司的一大堆毛病,抱怨越来越多,当初的职场晋升计划成了竹篮打水一场空。

是什么扼杀了张岩的晋升梦想?是抱怨。哪个公司不存在问题呢?哪个上司身上没有毛病呢?爱抱怨的员工随时随地都能找到抱怨的理由,可是你从中得到什么呢? 你什么都没有得到,还白白赔了职业发展的宝贵机会。

仔细观察就会发现:没有人因为喋喋不休的抱怨而获得奖励和提升。其实这也不难理解,假如一个船上的水手总不停地抱怨:这艘船怎么这么破,船上的环境太差了,食物简直难以下咽,以及有一个多么愚蠢的船长。试想这样的水手能将自己的工作做到最好吗?

你是否能够让自己在公司中不断进步, 这完全取决于你自己。如果你永远对工作现状不满,以抱怨的态度去做事,那你在公司的地位永远都不可能变得更加重要, 因为你根本就不能做出重要的成绩。当你觉得自己缺少机会或者是职业道路不顺畅时，不要抱怨环境，而应该问问自己这些问题：

(1)你是否认同自己的企业与工作？

(2)你是否为企业与自己的工作承担了责任？

(3)你是否尽到最大限度的努力了呢？

……

如果你的回答是否定的，那就停止你的抱怨吧，那只是一些没有意义的语言。

以下是停止抱怨的两个有效步骤：

(1)当意识到你在抱怨时，应该马上停止自己的抱怨。

(2)想想自己为什么要抱怨。你可以改正抱怨吗？如果可以，那就开始改正。如果无能为力，那为它生气也是白费力，学会以平常心对待。

凡事都具有两面性，工作也一样，如同玫瑰，不仅有美丽的芬芳，还有扎人的刺。我们在收获工作的回报与成就感时，也应该理性地接受其中的不完美。

对于每一个人来说，既然已从事了一种职业，选择了一个岗位，就应该去接受它的全部。工作中会有我们喜欢的部分，比如工资与成长，也会有我们不是很喜欢的部分，比如困难与挫折。但这些都是我们的工作，是一个整体，任何人都不能将其分开，如果你想享受工作带给你完整的快乐，那就一定要接受工作这个整体，只有体会了完整的过程，才会让快乐的笑容更美。

"你需要一个不会渗漏的阀门，并且竭尽所能开发这样的阀门。但是现实世界给你提供的是渗漏的阀门，因而你必须做个决断，你到底能忍受多大程度的渗漏。"这是研发土星五号、实施第一次阿波罗登月计划的科学家阿瑟·鲁道夫对"风险"概念的表述，但反过来，也可以认为是对工作并不完美的最佳注解。

工作是一个人的使命，坦然地接受工作的一切，除了益处和快乐，还有艰辛和忍耐。只想享受工作的益处和快乐的人，是一种不负责任的人。他们在喋喋不休的抱怨中、在不情愿的应付中完成工作，必然享受不到工作的快乐，更无法得到升职加薪的快乐。

那些在求职时念念不忘高位、高薪，工作时却不能接受工作所带来的辛劳、枯燥的人；那些在工作中推三阻四，寻找借口为自己开脱的人；那些不能任劳任怨满足客户要求，不想尽力超出客户期望提供服务的人；那些失去激情，任务完成得十分糟糕，总有一堆理由抛给上司的人；那些总是挑三拣四，对自己的工作环境、工作任务这不满意那不满意的人，都需要反思一下自己的工作态度是不是出了问题。

每一份工作都蕴含着无数个成长的机遇。任何一份工作都值得你认真对待，值得你去做好。我们一旦从事一项工作，就应当接受它的全部，并使自己在工作中寻找乐趣。

从很早开始，基恩·罗德伯瑞就一直梦想创作一部关于到太空旅行的科幻系列片。可是，他的这一想法却没有得到电视台的支持，电视台的人认为基恩的想法过于离奇，不会得到观众的认可。

在这种情况下,基恩并没有放弃自己的想法,他始终坚定地认为高质量的科幻片会受到美国电视观众的欢迎。为了得到电视台的支持,他从剧务开始做起,踏实地做好每一份交到他手里的工作,从不计较得失。他陆续参与制作了几部低成本的科幻电影,取得了不俗的票房,电视台开始重新考虑他的想法。

如今,距离他的《星球之旅》首播已有30多年了,这部片子已经成为美国文化的一部分,剧中的不少台词也正进入我们的日常用语。《星球之旅——未来人类》也是最受欢迎的节目之一。

基恩·罗德伯瑞用自己的亲身经历给我们上了生动的一课:一个能够坦然面对挫折、承受工作中委屈的人,一定能顶住压力,在职场上取得卓越的成就。他们不是天生的强者,却是有着优良品质的卓越者。他们从未将工作中的得失、委屈看作一种痛苦,而是不断地调整、适应,为自己争取一个个可以成功的机遇。

如果因为工作失当或绩效不彰,受到上司和同事的批评或者讽刺,对谁都是痛苦和可怕的体验。纵然如此,我们也不应将不满的情绪写在脸上,将工作当成自己的出气筒。

此时,不妨静下心来想想。或许,日常的工作和生活中,我们太在意得失,所以情绪才会容易激动。这种激动不仅不能有助于工作,反而会让我们不快乐,厌弃工作。问题是,工作本身并没有任何可被责怪之处,你也"不是为了要生气而来公司的"。这样想,你就会在内心萌生出一种安详,在对待人和事情上会分得更加理性和清晰。

4.不找借口找方法，方法总比问题多

有时候，工作中遇到问题，很大程度上并不是由事情本身产生的，而是由自身的某种缺陷造成的。很多人不及时地从自身寻找突破口，而是怨天尤人、缺乏行动，结果他们只能被问题所淹没，有的甚至不得不离开自己的工作岗位。如果遇到问题时，我们能积极地从自身寻找原因，寻找能够使自己发展的突破口，就会得到积极的效果。

小高和小严是同一家公司的业务员，他们差不多是同时进入这家公司的。

作为初涉营销领域的新人，他们都不同程度地面临着人际关系、业绩不如意等问题，但是小高得到了升迁，而小严却离开了公司。为什么呢？

原来，小严在种种问题的压力下总是抱怨自己的运气不好，抱怨周围的同事瞧不起他。如此一来，他自己心里承受的压力越来越大，以至于他工作中的问题变得越来越严重，最后不得不离开了公司。

小严有着很严重的退缩心理，在这种消极心理的影响下，他一遇到工作和人际关系中的问题无法解决的时候就想逃避，而不从自身去寻找解决问题的突破口。小严没有认识到，

不管在哪一家公司都会遇到同样的问题，这种怨天尤人的态度是不可取的。

相反，小高在遇到和小严同样问题的时候，他首先综合分析了自己的问题，然后针对自己的不足积极学习以弥补自己的缺陷——要做好营销，首先就要搞好人际关系，因此必要的沟通与交流是必不可少的。为了锻炼自己的口才，小高总是积极地在各种场合锻炼自己，并抓住每一个发言的机会。另外，他平时还积极地找上司和同事沟通，并且学会了从别人的角度看问题。

由于小高积极地改变自己，在市场开发中取得了很好的成绩。同时，他还针对自己的陋习，比如工作时的惰性心理等进行了改变。小高在改变自己的过程中，工作中的问题也逐渐得到了解决。他的业绩不断地增长，最后升为部门主管。

小高的成功，应该归功于他在遇到问题时积极地从自身寻找解决问题的办法，积极地改变自己。俗话说，"变则通，通则久。"在工作中遇到问题时，不妨多从自身的角度考虑，及时改变自己不适应工作的那些缺陷。另外，每个人每天都要面对新问题，因此，你考虑问题的角度、解决问题的办法也要随着问题的不同而有所改变。

只要你肯直面自己身上存在的问题和不足，从现在开始积极行动，改善自己不良的工作状况，提升自己的价值，总有一天你会取得进步。

对于员工而言，当遇到问题和困难时，能否主动去找方法解决,而不是找借口回避责任,找理由为失败辩解,对职场中能否成功和发展具有决定性的作用,同时,这也是一流人才的核心素质。

很多人在遇到问题或将事情办砸后,习惯所做的就是想方设法为自己开脱,而不是主动地去寻找破解之道和挽救方法。

洛克菲勒曾经说过:"思路一转变,原来那些难以解决的困难和问题,就会迎刃而解。"试想,即使你找到了为自己开脱的理由,也不能将现有的问题解决,主动地寻找解决方法才是日后成功的基石。一个一流的员工,绝对是奉行这样的理念的:"不找借口找方法,方法总比问题多!"

在任何一家企业,能够主动找方法解决问题的人,最容易脱颖而出。因为,方法能为人解除不便,让他人有更大的发展,更能给企业创造最直接的效益。因为,任何企业的老板,都会格外重视想办法帮企业解决问题的人。

在美国,年轻的铁路邮务生佛尔曾经和许多其他的邮务生一样,运用陈旧的方法分发信件,而这样做的结果,往往使许多信件被耽误几天或更长的时间。

佛尔对这种现状很不满意,于是想尽办法来改变。很快,他发明了一种把信件集合寄递的方法,极大地提高了信件的投递速度。

佛尔升迁了,5年后他成了邮务局帮办,接着当上了总办,最后升任为美国电话电报公司的总经理。

华人首富李嘉诚的名字可谓家喻户晓。他初涉商海时，就是一个通过找对方法解决问题的高手。他先是在茶楼里做跑堂的伙计，后来应聘到一家企业当推销员。做推销员首先要能跑路，这一点难不倒他，以前在茶楼成天跑前跑后，早就练就了一副好脚板，可最重要的问题还是——怎样千方百计地把产品推销出去？

有一次，李嘉诚去一栋办公楼推销一种塑料洒水器，一连走了好几家都无人问津。一上午过去了，一点儿成绩都没有，如果下午还是毫无进展，那这一天就是白跑了。

尽管推销非常艰难，他还是不停地给自己打气，精神抖擞地走进了另一栋办公楼。他看到楼道上的灰尘很多，突然灵机一动，没有直接去推销产品，而是去洗手间，往洒水器里装了一些水，将水洒在楼道里。经他这样一洒，效果很好，原来脏兮兮的楼道一下变得干净了许多。这一举动立刻就引起了主管办公楼有关人员的注意，主管人员向他购买了洒水器。就这样，一下午他就卖掉了十多台洒水器。

李嘉诚最后之所以能推销成功，就是因为他找对了推销的策略，巧妙地将洒水器的功用明明白白地展示给了自己的潜在客户，并赢得了实实在在的订单。

许多时候，我们并没有做好自己的工作，究其原因，其实就是在错误的时间、错误的地方，用了错误的策略做了错误的事，最终只能收获一个错误的结果。

事实上，任何事情的发生、发展都有自己的规律，哪怕是突发事情，也有个起因和结果。问题是我们能否找到最关键、最巧妙的办法来解决问题。

阿基米德说："给我一个支点，我可以把地球撬起来。"其实，你也一样可以做到。

5.拿掉沙拉中的黑橄榄

很多员工认为，为企业创造利润、节省成本是老板应该做的事情，而没意识到这也是自己分内的职责。"利润至上"是所有企业发展的目标和原始推动力，是企业存在的根本。所以，老板都希望员工头脑中有一个简单却至关重要的概念，那就是，怎么给公司赚钱，怎么给公司省钱，怎么在稳定经营的基础上增加收入、节省开支。

这是老板梦寐以求的。因为节约成本，就是一种变相的利润创造。

美国航空公司是美国最大也是最赚钱的航空公司之一，美航的成功，归因于它的执行长官罗伯·柯南道尔及其管理团队所采取的一系列改进策略,其中,最有效也最具特色的就是全面降低成本方案。

为了提高竞争力、增加利润额,美航一直想缩减运输成本,尝试了几个整改方案:更换现代化节油飞机;发展轴辐式的路线结构以减少间接成本;增加班机座位密度;通过劳动契约和双层工资结构减少劳工成本……以及削减燃油与其他非劳工的变动成本。但是白白折腾半天,却收效甚微。

接着,美航又提出"三色机计划"——除了代表美航标志的红、白、蓝条纹外,飞机上不加任何油漆。这样一来,一架客机就大约轻了400磅,光是燃油费,每架飞机每年省下的燃油费可达1.2万美元。

这似乎还不够,于是,柯南道尔一上任就推出了系列"缩减运营成本"的方案。

20世纪80年代中期,美航每架飞机的内部重量都至少减轻了1500磅。

一切只因为内部大改造——换上重量较轻却更舒服的座椅,金属推车改换成强化塑钢,枕头和毛毯都变小一号,在头等舱中使用轻型器皿,重新设计服务空厨。这些改变,使得每架飞机的运营成本每年至少节省2.2万美元。

最为人们津津乐道的是,一直被其他各大航空公司忽略的旅客餐食也成了柯南道尔的"眼中钉"。一次偶然的机会,柯南道尔发现大多数乘客都会"剩菜",于是,他下令缩减晚餐沙拉的分量!接着,又下令替换掉每位旅客沙拉中的一粒黑橄榄。如此一来，又为美航每年省下7万美元。

当然，上述所有运营成本的缩减术并不是柯南道尔一个人提出来的，所有提出积极性建议的员工都获得一定的奖励，有的人薪资被提高，有的人职位被提升。

千万不要认为一家公司只有生产人员和营销人员才能争取客户、增加产出，为公司赚钱。一家公司要产生利润，还必须依仗"节流"。不直接与客户打交道的员工也能通过节俭为公司赚钱。

因此，每一名员工，都要在工作和生活中提高成本意识，养成为公司节约每一分钱的习惯。节俭实际上也是为公司赚钱。

曾涛和夏雨两个人到一家公司应聘，一路过关斩将，最后进入复试阶段。公司总经理交给曾涛一项任务，要他去指定的那家商场买打印纸，过了一会儿，总经理说纸不够，又叫夏雨去同一商场买。

他们两个先后都回来了。在总经理面前报账的时候，曾涛除了买打印纸的钱，来回坐车的钱是2元；而夏雨除了买纸的钱，来回坐车的钱是4元。

原来，时值正夏，天气酷热，曾涛坐的是普通公交车，所以票价只要1元；而夏雨因天气热坐的是空调公交车，上车就要2元。所以，夏雨的车票钱和曾涛的车票钱不一样。

很自然，曾涛被公司录取了。总经理是这样对他们说的："具有成本意识，懂得为公司节约的员工，将来才能为公司赚钱。"

现实中，我们一些员工没有成本意识，他们对于公司财物的损坏、浪费熟视无睹，让公司白白遭受损失，自然也使公司的开支增大、成本提高。

其实，无论公司是大是小、是富是穷，使用公物都要节俭，员工出差办事，也绝对不能铺张浪费。节约一分钱，等于为公司赚了一分钱。就像富兰克林所说的："注意小笔开支，小漏洞也能使大船沉没。"所以不该浪费的钱，一分钱也不能浪费。

6.走得慢但坚持到底的人，才是真正走得快的人

天赋过人的人如果没有毅力和恒心做后盾，只能绽放转瞬即逝的火花。许多意志坚强、持之以恒，但智力平庸甚至稍显迟钝的人，最后都会超过那些只有天赋而没有毅力的人。

正如意大利的一句俗语所说："走得慢但坚持到底的人才是真正走得快的人。"一旦我们养成了不畏劳苦、锲而不舍、坚持到底的工作精神，则无论我们从事什么职业，都能在竞争中立于不败之地。古人所说的"勤能补拙"也就是这个道理。

毫无疑问，懒惰者是不能成大事的，因为懒惰的人总是贪图安逸，若是察觉有点儿风险可能就吓破了胆。另外，懒惰者缺

乏吃苦耐劳的精神,总妄想天上掉馅饼。但对成功者而言,他们不相信伸手就能接到天上掉下来的馅饼,而是相信勤奋者必有所获,相信"勤能补拙"这句话的深刻含义。

牛顿被公认为世界一流的科学家。当有人问他到底是用什么方法创造那些非同小可的理论时,他诚实地回答道:"总是思考着它们。"还有一次,牛顿这样陈述他的研究方法:"我总是把研究的课题放在心上,并反复思考,慢慢地,起初的灵光乍现终于一点一点地变成了具体的研究方案。"

正如其他有成就的人一样,牛顿也是靠勤奋、专心致志和持之以恒才取得成功的。放下手头的这一课题而从事另一课题的研究,这就是他全部的娱乐和休息。牛顿曾说过:"如果说我对社会民众有什么贡献的话,完全只因勤奋和喜爱思考。"

另一位伟大的哲学家克普勒也这样说过:"正如古人所言,'学而不思则罔',对此我深有同感。只有善于思考所学的东西才能逐步深入。对于我所研究的课题,我总是追根究底,想理出个头绪来。"

英国物理学家及化学家道尔顿从不承认他是什么天才,他认为他所取得的一切成就,都是靠勤奋点滴累积而来的。约翰·亨特曾自我评论道:"我的心灵就像一个蜂巢一样,看来是一片混乱,杂乱无章到处充满嗡嗡之声,实际上一切都整齐有序。这些食物都是通过劳动在大自然中精心选择的。"你可以理解这段话吗？这里的劳动指的就是他所具备的人格优势，并非才智过人，他只是比一般人更勤劳罢了。只要翻一翻那些大人物的传记，我们就知道大部分杰出的发明家、艺术家、思想家和著名的工匠，他们的成功都得归功于勤奋和持之以恒的毅力。

英国作家狄斯雷利认为，要成就大事必须精通所学科目，但要精通学科，只有通过长时间连续不断地苦心钻研，别无他法。因此，某种程度上来说，推动世界前进的人并不是那些天才人物，而是那些智力平庸却非常勤奋努力的人；不是那些智力卓越、才华洋溢的人，而是那些不论在哪个行业都认真坚持、不畏困难的人。

有一位事业有成的女性，在谈及她那才华出众而又粗枝大叶的儿子时曾慨叹："唉！他缺少坚持到底的毅力，这怎能成大器呢？"

罗伯特·皮尔正是由于养成了勤奋的工作态度，才成了英国参议院中的杰出人物。当他年纪很小的时候，他父亲就让他站在桌子边练习即席背诵、即席作诗。首先，他父亲让他尽可能地背诵些格言警句。当然，刚开始并没有多大的进展，但日子久了，他也能逐字逐句地背诵出那些格言的全部内容。这一训练可说是为他日后在议会中以无与伦比的演讲艺术驳倒论敌所立下根基，这实在令人佩服。但几乎没有人知道，他在论辩中表现出来的惊人记忆力正是他父亲早年对他严格训练的成果。

在一些最简单的事情上，反复的磨炼确实会产生惊人的效果。拉小提琴看起来十分简单，但要达到炉火纯青的地步绝对需要多次辛苦的练习。有一名年轻人曾问小提琴大师卡笛尼学拉小提琴要多长时间。卡笛尼回答道："每天12个小时，连续坚持12年。"

一点点进步都是得之不易的，任何伟大的成功都不可能唾手可得。许多著名的科学家和发明家所拥有的都是勤奋刻苦的人生。对于想成就大事的人来说，勤奋是最好的人格资产。

7.我们重复做什么，我们就变成了什么

亚里士多德说："我们重复做什么，我们就变成了什么。"很多年轻人总是希望干成一番大事业，于是把目标定得很宏大，不屑于做一些简单的、平凡的小事。结果经常会停滞在离成功很远的地方，或者是还有一点点距离的地方。

汪中求先生在《细节决定成败》一书中曾说过："芸芸众生能做大事的实在太少，多数人的多数情况总还只能做一些具体的

事、琐碎的事、单调的事，也许过于平淡，也许鸡毛蒜皮，但这就是工作，是生活，是成就大事不可缺少的基础。"

海尔总裁张瑞敏说："把简单的事做好就是不简单，把平凡的事做好就是不平凡。"很多人认为，一个人的成功，很多时候只是偶然。可是，谁又敢说，那不是一种必然？有许多不起眼的小事情，谁都知道该怎样做，问题在于谁能坚持做下去。许多人终其一生都在追求伟大，最后，他收获的可能只是失败。谁能想到，其实伟大就存在于你身边的平凡之中呢？

事实上，成功往往是简单的事情脚踏实地地做，重复地做，并能持续做好，才能不断地成长，不断地实现自己的目标。

从前在美国标准石油公司里，有一位叫阿基勃特的小职员。无论在哪儿需要签单的时候，他总是在自己签名的下方，写上"每桶四美元的标准石油"字样，在书信及收据上也不例外。他因此被同事叫作"每桶四美元"，真名反倒没有人叫了。公司董事长洛克菲勒知道这件事后说："竟有职员如此努力宣扬公司的声誉，我要见见他。"于是邀请阿基勃特共进晚餐。后来，洛克菲勒卸任，阿基勃特成了第二任董事长。

一个简单的事情重复做，做到极致就成功了。这是许多成功人士给我们的启示。

2004年，第57届戛纳国际电影节的评委会主席是一位名叫昆汀·塔伦·迪诺的美国人。在进入好莱坞之前,昆汀只是曼哈顿的一家音像出租店的伙计。

昆汀从小就有一个梦想,那就是拍电影。但是因为他的家境贫困,没有机会接受系统的电影教育。昆汀在音像店的主要工作就是整理数不清的录像带,当有顾客上门的时候,他就需要帮他们查找他们需要的或者为他们推荐录像带。

除了做好自己的工作外,昆汀还会利用闲暇的时间,一盘一盘地观看自己感兴趣的电影。看过无数电影之后,昆汀开始觉得电影并不是那么神秘,他开始自己学习表演,并利用业余时间自己尝试创作电影剧本。在看电影的时候,他开始由原先的随意观看变为有目标的研究。

昆汀一边不停地看电影,一边构思着自己的剧本。每天,他都至少要看一部电影。就这样,在音像店工作期间,他几乎看遍了全世界所有经典电影,并逐渐熟识了大量电影知识和拍摄技法,对世界各国电影的风格特点、构思技巧烂熟于胸,而且摸清了电影创作的基本规律和套路。

功夫不负有心人,昆汀终于完成了自己的第一部剧本。后来还被好莱坞导演看中,昆汀以5万美元的价格把它卖给了好莱坞。这次的成功让昆汀信心大增,并从此开启了他的电影创作之路。

1993年,昆汀的电影《低俗小说》获得戛纳电影节金棕榈奖和奥斯卡最佳编剧奖;2004年,他拍出的《杀死比尔》系列电影风靡全球。他被人们称为"好莱坞的鬼才"。

昆汀的成功可以用"熟能生巧"四个字来形容。什么是不简单？能够把每一件简单的事情都做好，就是不简单；什么是不容易？能够把大家公认是非常容易的事情高标准地认真做好，就是不容易。

马云刚刚创办中国黄页的时候，他和他的同伴凭着一个美国电话和几张图片到处宣传互联网。这里没有高科技，没有复杂的理念、模式，就凭着一个推销员简单的推销方式，逐渐让人们认识到互联网，认识到互联网给人们带来的种种好处。

刚创立阿里巴巴的时候，曾有漫长的3年时间，一直在亏损。但是马云明白，成功不是那么容易的事，他和他的团队依然坚持踏踏实实做好每天的日常工作，三年如一日地为赢得每个客户的信赖而奋斗。直到后来，互联网迎来了春天，而所有这些，也为阿里巴巴以后的发展打下了坚实的基础。

有很多事情，虽然很简单，但我们仍然不能马虎大意。我们要把它们看作一件需要付出全部热忱、精力和耐心的伟大事业。当你能够把一件简单的事情做得非常好时，你就变得很不简单，也就是不平凡。

世界上没有绝对简单的事，只有把事情简单化的人。许多年轻人总是不屑于做一些小事，总是想着一步登天。殊不知，这样往往也会摔得很惨。

一定要甘于从最简单的事情做起，并赋予自己最大的热忱和耐心，脚踏实地地做下去，才能迎来最终的成功。

事实上，成功并不难，任何伟大的事业都有一个微不足道的开始，把简单的事情重复做，你也可以达到常人难以达到的高度。

第八章

即使是500强的员工，也会有跳槽的想法

一份民意调查报告显示，近60%的人会有跳槽的想法，原因多种多样。但是跳槽就一定能解决你目前面临的问题，达到你的预期目标吗？

《红楼梦》里丫鬟或是家养的，或者外买来的，都直接分配好了主子，自己半分做不了主。碰到好主子，或许还有光明前途；碰到不好的主子，活活被打死也是有的。

在那个大家庭里，想跳槽是很难的，但也有成功的，比如宝玉手下的丫鬟小红。就用她的亲身经历告诉我们"跳槽是门技术活儿"，与之相反，还有死守岗位坚决不肯跳槽做姨娘的鸳鸯，同样证明了"跳槽不如卧槽"的道理。

今天的职场人可以综合对比这两个丫鬟的选择，告诉自己，在跳槽前，请先明确自己的定位。

正确的跳槽应该是人生的一次华丽转身，而不是让职场积累的能量减少、归零，甚至成为负数，更不是让自己在跳槽中越跳越迷茫，越跳越杂乱无章，甚至是毁了自己。

1.别傻了，走到哪儿都一样

有的年轻人初入职场，只为追求新鲜或刺激，或由着自己的性子。这种人或对工作和环境有喜新厌旧的毛病，喜欢新鲜的人际环境和工作环境，他们在一个单位往往待不到两三年，有的甚至几个月就走人；或太在意个人感受，外在环境稍不如意立马走人。这种人看似主动跳槽，其实大多没有进行职业规划，找不到职业定位。这种跳槽为老板深恶痛绝，对个人发展没有任何好处。

有一只乌鸦打算飞往东方，途中遇到一只鸽子，双方停在一棵树上休息。鸽子看见乌鸦飞得很辛苦，关心地问："你要飞到哪里去？"乌鸦愤愤不平地说："其实我不想离开，可是这个地方的居民都嫌我的叫声不好听，所以我想飞到别的地方去。"鸽子好心地告诉乌鸦别白费力气了："如果你不改变你的声音，飞到哪里都不会受到欢迎的。"

一位老人坐在一个小镇郊外的马路旁边。有一位陌生人开车来到这个小镇，他看到老人之后停车下来向他询问："这位老先生，请问这是什么城镇？住在这里的是哪种类型的居民？我正打算搬来住呢。"这位老人抬头看了一下陌生人，回答说："你刚离开的那个小镇上的人，是哪一种类型的人呢？"

陌生人说："我刚离开的那个小镇上住的都是一些不三不四的人，我们住在那里没有什么快乐可言，所以我们打算搬来这里居住。"

老人回答说："先生，恐怕你要失望了，因为我们镇上的人跟他们完全一样。"

不久，又有一位陌生人向这位老人询问同样的问题："这是哪一种类型的城镇呢？住在这里的是哪一种人呢？我们正在寻找一个城镇定居下来呢。"

老人又问他同样的问题："你刚离开的那个小镇上的人是哪一种类型的人？"

这位陌生人回答："住在那里的都是非常好的人。我的太太和孩子在那里度过了一段美好的时光，但我正在寻找一个比我以前居住的地方更有发展机会的小镇。我很不想离开那个小镇，但是我们不得不寻找更好的发展前途。"

老人说:"你很幸运,年轻人。居住在这里的人都是跟你们那里完全相同的人,你一定会喜欢他们,他们也会喜欢你的。"

每个人都想找到一个适合自己施展才华,使自己有所发展的工作单位和环境,这是应该的。可是世界上并没有一个完全适合自己的地方存在。

与其频繁跳槽,为了改变环境,不如改变自己。改变自己比改变环境容易多了。

很久以前,人类都是赤脚行走的。一位国王去偏远的乡间游玩,路上有很多碎石头,把他的脚硌得生疼,他大怒,回到皇宫后,就下令将国内所有的道路都铺上一层牛皮。他觉得这样做,不仅自己不再受苦,全国老百姓也都可以免受石头硌脚之苦了。

愿望是好的,问题是哪里来那么多牛皮呢?就算把全国所有的牛都杀了,也筹措不到足够的皮革,这还不算用牛皮铺路所花费的金钱、动用的人力。但既然是国王的命令,谁敢说个"不"字呢?

就在大家为此发愁的时候,一个聪明的大臣大胆向皇帝谏言说:"国王啊!为什么您要劳师动众,牺牲那么多头牛、花费那么多金钱呢?您何不只用两小片牛皮包住您的脚,这样不就免受石头硌脚之苦了吗?"

国王一听,当下醒悟,于是立刻收回命令,改用这位大臣的建议。据说,这就是"皮鞋"的由来。

可见,想改变世界很难,而改变自己则容易得多。与其改变全世界,不如先改变自己。当你改变了自己,你眼中的世界自然也就跟着改变了。

所以,如果你希望看到世界改变,那么第一个必须改变的就是自己。

引起你跳槽的原因很多,具体跳槽行为的动机也是相对复杂的,但要避免以下几种情形,那是最不理智的跳槽:

原因1:单纯为了收入而选择跳槽。

如果仅仅因为工资或者待遇低,而不综合考虑其他因素就决定跳槽,这是不成熟的一种表现,代表了短视的看法。一份工作代表的不仅仅是收入的单方面增加,还包括知识、技能、经验、人际关系等多方面的积累。

原因2:因为冲动而跳槽。

很多失败的跳槽都是冲动惹的祸,是由于"气不过"引发的。"气不过"的事很多,如未获得期望的升职与加薪;被上级错误地批评,甚至降职或变相降职;与同事发生争执,被误解、孤立;在客户那里受了委屈,在公司内部也不被理解;等等。基于以上原因的跳槽,其目的并不是将要加入的新单位,而是想尽快摆脱目前的工作环境。造成这种结果的直接原因,大部分是突发事件、孤立事件、短期状况、局部环境等引起的个人情绪突变,而非长期、整体的工作环境问题。

当一个人被情绪所左右，尤其是在气头上，最可能作出不理智的决定，往往产生"不管新工作如何，先离开这里再说"的想法。在这种情况下离职，选择新工作过于急切、目光短浅，很难找到合适的工作。即使找到了，也有很大可能违背了自己长期的职业规划。

被情绪左右的跳槽，还有一种情况，就是并没有与老东家发生直接的矛盾，但在工作一段时间后，觉得工作不断重复，或者工作太琐碎了，没有意义，从而害怕自己的能力得不到锻炼而失去未来职场的竞争力。

原因3：只为追求新鲜或刺激。

一位职业规划师通过多年研究，寻找跳槽者背后的原因，发现只有很少部分属于被动类，如得罪了上司或与领导、同事关系恶劣，无法继续相处等，绝大多数都属主动跳槽。

有的将公司当作自主创业的实习基地或个人发展的跳板。这种人目的性非常明确，那就是积累资金和经验，工作尽职尽责、踏实勤奋，一旦条件成熟，便毅然离开。

有的喜欢挑战和创新。他们一步步从小企业跳到大公司，跳到合资企业、外企、世界500强企业，总之公司越大越好，越有名气越好；有的不在乎公司大小，却热衷于职位的提升或新岗位的挑战；有的单纯以薪酬为目标，谁给的钱多就跳到哪里。大多数人还是因为在公司发展受阻，必须寻找新的发展空间。对跳槽原因有了大致的了解，便可有针对性地分析，多对自己问几个为什么，或许可以减少跳槽的盲目性。

还有几点需要注意：

（1）在目前单位应工作至少1年以上，不然新老板就会探究你以前的表现，让你的职业发展打折扣。

（2）要在目前工作进展顺利而不是走下坡路时果断离开。仔细研读与老公司签订的合同，为离职扫清障碍。

（3）花时间熟悉新公司的情况，为重新上岗铺平道路。

（4）无论跳槽前还是后，切忌说老公司的"不好"，也不要一味奉承新公司。

2.别心急，先了解新东家

企业都有各自的特点和文化氛围，在环境上很难分出优劣，一个不错的公司，也不可能适合每一个人。为改变环境而连续跳槽的人，会对环境越发敏感，放大对环境的不适应，跳槽的频率会不可避免地增高。

跳槽者的心态以及跳槽的时机往往会影响到对公司情况的了解。比较急迫的跳槽心态往往容易犯两个错误：

一是只看到目标公司热门、收入高、社会声誉好的一面，而有意无意忽略对它内部的经营情况、管理情况、人际关系等的了解。这是缺乏对目标公司客观和清晰的判断指标。

王梅是一家国有企业的员工，两年前大学毕业后一直在国企享受着稳定的工资和优厚的福利。但是，每天穿着难看的工作服，干着重复的工作，让她觉得很没意思，她想像电视上那些女白领一样，每天可以穿得漂漂亮亮，干着有挑战的工作。

于是，王梅跳槽到一家大型私企，从文员干起，3个月的新鲜劲儿一过，她才发现，所谓的白领生活根本不是自己想象的那样。在私企工作压力太大，经常加班，而且时常要面临长江后浪推前浪的残酷竞争。王梅又怀念起自己之前工作的轻松，心里后悔不已。

了解目标公司最好的方式是寻找"内线"，这个内线要对你的情况比较了解，又要在新公司之中没有直接的工作关联，这样，他（她）给你提供的信息会比较客观。另一个比较好的方式则是寻找同业中对目标公司有比较深入了解的朋友。需要指出的是，对于跳槽者而言，任何人提供的信息，都需要自己的判断过滤。

另外一种情况，就是跳槽者虽然对新公司很了解，却不能准确判断自己是否适合这家公司。

陈涛毕业后分到了一所高校图书馆工作。虽然专业对口，但他总觉得收入太低，尤其是跟中学同学一比，心里难免失衡。

2010年，一个很不起眼的中学同学找到了他。这个同学在药企做医药代表,干得非常好,几年下来,已在老家买房买车了。陈涛非常羡慕他。他调任北京分公司的负责人之后,请陈涛跟自己一起干,许诺一年买车,两年买房。在高收入的激励下,陈涛毅然离开了原来的事业单位,成为一名医药代表。

当上医药代表后,陈涛的生活整个变了。新工作应酬多,烟酒超量,身体吃不消不说,晚上回家的时间也没有保证。他老婆的工作也忙,两个人都没有时间管孩子,孩子的学习成绩下降,有时候连饭都吃不上。为此,老婆经常抱怨。

对于新的工作方式,陈涛也不是很适应。新工作存在灰色地带,为了销售产品,不得不采用一些特殊的手段,比如给相关负责人送红包、送礼等。这让陈涛心里不安,晚上经常睡不着觉。收入虽然高了,但他觉得自己反而没有以前受尊重了,被人称为"药虫子",而且只能按公司对产品的市场营销方案销售,对其中明显不实、夸大的宣传也只能执行,工作中一点儿乐趣都没有。对每一个客户都要点头哈腰、阿谀奉承,有一种低人一等的感觉。

坚持了1年,陈涛感觉自己身心俱疲,这样的人生并不是他想要的。在考虑自己的家庭、身体、良心、尊严等问题后,他还是决定回到以前清贫一点,但让人踏实的工作环境中。

既然你跳槽是为了实现自己的期望值,那么你在跳之前,就要调查清楚,你想跳过去的新单位是否能实现你对自己的期望值。这种期望值不仅是指发展空间和薪水,还包括有个好的上司,因为好上司会着力培养你。你在跳槽之前,就要了解清楚,你的上司专业与你是否一样?如果你的跳槽是想独立操作或管理,那么专业与你相同的上司就会成为你前进中的障碍,那么你就不适应选择这样的新单位。因为上司的专业特长需要发挥空间,会占领你想发挥的空间。你应该考虑到你的专业知识能够得到补充或突显的新组织里,可能这个新组织其他条件不一定好,但是正因为他们现在需要你,你的期望值得到实现的概率就会相对较大。

3.与上家好聚好散,对下家诚实无欺

不管你是因为什么原因而跳槽,以下两点原则都要切实遵守:

跟前一个单位要好聚好散

完成交接工作。在和主管谈了具体离职意向并征得同意之后,就应该开始着手交接工作。在公司还没找到合适的接替者的时候,你应该一如既往地努力做好本职工作,站好最后一班岗。即使在接替你的人来了之后,你仍必须将手头的工作交接完毕才能离开公司,以尽到自己的最后一份责任。

完美谢幕。不少人试图在离职前的最后几周内消除多年来与上司或同事之间的不和,希望彼此保留好印象。这往往徒劳无

功,或许默默接受既成事实更自然。离职之前请大家吃一顿散伙饭是个不错的选择,最起码可以在相对融洽的气氛中完美谢幕。

完善关系。一是永远不要在现任老板或新同事面前说前任老板或同事的坏话,否则会引起新老板和新同事的怀疑:你今天可以在我面前如此评价过去的老板和同事,是否明天就会同样在别人面前这么评价我们了呢?所以,这样幼稚的举动还是不做为好。二是客观地评价旧公司的优、缺点,维护公司形象。公正客观地评价老东家,不但有利于老东家的正常发展和树立你自己的职业形象,更重要的是,可以维护老东家的名誉。这样,无论日后你的个人发展如何,老东家都会记得你良好的职业素养,当然也有利于你和他们再次打交道时建立良好的关系。

保守秘密。正确处理竞争对手间的关系,不透露公司的商业秘密。从行业的角度来说,在有竞争关系的公司之间转换工作也是很正常的事。而且,公司间的良性竞争是能够促进彼此发展的。但无论从职业化还是个人发展的角度,遵守良性竞争的原则,恪守商业准则,都是获得职业认可的基石。

从人们工作的圈子和人员来看,行业、专业和客户都是有限的,因此彼此见面和交流的机会会很多,网络的发展更让人们感到“世界越来越小了”。因此,与前一个单位保持良好的关系是十分必要的。

不能隐瞒和编造过往工作经历

在某知名媒体举办的一次关于“单位最忌讳员工哪一点”的访谈会上,许多著名老总都旗帜鲜明地把人才观中的“人品”排在了第一位——员工在人品方面所犯的错误是他们最不能容忍的，诸如见利忘义、投机取巧、责任心差或者不诚实等，并直言：能力可以有大小，人品却容不得打折扣。

有这样一个应聘者，在HR主管面前递上简历：大专学历，两年内换了5份工作。阅人无数的HR主管第一感觉是，这样的应聘者不予考虑。但当HR重新阅读这份简历时，发现这位应聘者很诚实，因为他详细描述了每份工作的内容，而这些正是这个招聘岗位需要的人员素质。于是，主管安排了进一步的面试，而这位应聘者也以他的真诚得到了这份工作，并且在后来的工作中发挥出色。

这位应聘者很幸运，因为聪明的HR主管能从他的劣势职业经历中读出他为人的真诚。说谎话的人会被所有的用人单位坚决排除在外。

金正集团总裁杨明贵曾经说过：最讨厌说假话的人。假如你是学财务统计的，来应聘会计，千万不要撒谎说你学的就是会计专业。你可以说你虽然学的不是这个专业，但对此很感兴趣，有热情，而且也有一定的专业基础，你有信心、有能力在短时间内学好并做好这项工作，即使基础差一点儿，也可以通过学习来提高。一个人的知识不够、学历不高、经验不足，都可以再通过学习来弥补，而一个人如果人品不好，却是让人无法接受和原谅的。

虽然就业压力越来越大，求职者的迫切心情可以理解，但怀着侥幸和投机心理的不诚信行为却仍是万万不可取的。

求职简历是企业了解跳槽者的快速通道，反映跳槽者的专业、技能和各种特长，也反映一个人的人品。找工作或许很难，但是做一份真诚的求职简历却在我们的能力范围之内。求职简历造假的后果，一是造成企业招聘资源的浪费；二是给跳槽者本身也带来坏影响，企业对求职者的坏印象很难保证不会在一定范围内传播。

所有心怀投机想法的人都要明白，大企业在招聘重要人才时，肯定会对其做一个背景调查的。背景调查的内容包括是否在其所填写的公司里工作，离职原因，过往的工作表现等。一旦查出实际情况与简历有出入，失去机会不说，以后永远都将与该公司无缘。因此，千万不要小看招聘方的洞察能力，在面试中，招聘方所提出的问题都是带有明确的目的性的，在他们面前假的真不了，很容易就会露出马脚、现出原形。

在人力资源这个特殊的市场中，如果某人某次失信于某企业，并获得高额收入，由于信息的迅速传递，该市场的参与者很快了解到这个人是不可信的，并会在以后的人力资源甄选中排斥他，那么这个人就会由于自己的失信付出惨重的代价。

不论是轻松愉快还是恩怨有加，离职前后与旧东家搞好关系的事情一定要做；在面对新东家时，一定要如实介绍自己的过去，不要抱任何侥幸心理。

4.最纯粹的忠诚

在追求自我发展的职场上，忠诚是一种非常重要的职场生存方式。

一家外资企业要招聘一名技术人员,月工资5000元,应聘者蜂拥而至。

魏诚是一家企业的技术人员,单位效益不好,厂里连职工的生活费也发放不出了,与下岗没什么区别,他正准备辞职另谋职业,得到这个消息,便也参加了应聘。面对考题魏诚并不怵,外文、专业技术类考题答得十分圆满,笔试顺利通过。面试时,面试官出了两道令他难以回答的题:"您所在的企业或者曾任过职的企业经营成功的诀窍是什么？技术秘密是什么？"

这类题对魏诚来说,说难不难,说易也不易。魏诚在企业搞过技术,本单位的技术秘密当然是知道的,不用思索,就能顺利回答。可是,话在魏诚的肚子里一直打转转,就是吐不出来。多年的职业道德在约束着他:不管怎样,我现在还没有离职,厂里的数百名职工还在惨淡经营,我怎能为了自己的利益而不顾别人的利益呢？就算我以后要离开这个单位,我也不能出卖它的利益。

想着想着,最后,从他嘴里说出来的竟然只有4个字:"无可奉告!"便自动地退出了面试。他心想:"打着招聘的幌子,去窥测别人的机密,这样的企业,不进也罢。"

正当魏诚四处奔波、另谋职业之际,出乎意料的是,外资企业给他发来了录用通知书。

录用通知书上清楚地写着:你被录用了,因你的能力与才干,还有我们最需要的——维护公司利益。

"只有拥有最纯粹的忠诚,才能将自己的能力发挥到极致。"在美国,每一个刚入职海军陆战队的人,都会拿到一份有关忠诚的资料,在标题处,有几行醒目的文字:"海军陆战队首先不会给你什么,但你要给海军陆战队绝对的忠诚。如果你给了海军陆战队绝对的忠诚,海军陆战队就会给你终生的荣誉!"

军队对军人的要求如此,企业对员工也应当如此,每一个到企业应聘的员工都应当明白,任职哪个企业就应当维护它的利益,否则,不能获得企业老板的信任,就会被对方无情地抛弃。

忠诚就是一个员工的职业生命。特别是对于那些快速成长的高科技公司,或者以服务业为主的公司来说,忠诚度更为重要,因为这种新兴的公司在市场中的核心竞争力,可能就是一项专利,是一个技术诀窍,或者是一个创意,有时甚至只是一条商业机密,就像当年的可口可乐公司一样,只有一个配方。

老板在用人时不仅仅看重个人能力,更看重个人品质,而品质中最关键的就是忠诚度。在这个世界上,并不缺乏有能力的人,那种既有能力、又忠诚的人才是每一个企业企求的理想人才。人们宁愿信任一个能力差一些却足够忠诚敬业的人,而不愿重用一个能力非凡却朝三暮四、视忠诚为无物的人。

只有所有的员工对企业忠诚，才能发挥出团队的力量，才能拧成一股绳，劲儿往一处使，推动企业走向成功。一个公司的生存依靠少数员工的能力和智慧，却需要绝大多数员工的忠诚和勤奋。

一名员工如何才能延长职业生命，很重要的一点就是不能频繁跳槽。无论是刚刚毕业还是已经走上工作岗位的员工，对工作都不要过于挑剔，这样对自己的发展非常不利。

如果你忠诚地对待你的老板，他也会真诚对待你；当你的敬业精神增加一分，别人对你的尊敬也会增加一分。不管你的能力如何，只要你真正表现出对公司足够的忠诚，你就能赢得老板的信赖。老板会乐意在你身上投资，给你培训的机会，提高你的技能，因为他认为你是值得他信赖和培养的。

5.办公室不是咖啡馆，晋升总是排在友谊之前

每一个勤奋工作、能力出色、积极上进的员工都期望自己能够获得晋升，但是有时候事情的发展却往往不能如他们所愿。当这样的事情发生在你的身上后，也许你会感到非常气愤，但是你是否想过，迟迟得不到晋升很可能是因为自己陷入以下升职认

知心理误区呢?

杏子在办公室里的勤奋每个人都可以看到,除了做好自己分内的工作以外,她还会主动地帮助别人做一些事情,在做上司交代的事情时,也总是非常周到地完成。

前不久,办公室主任请假去参加职业法语专修班,随后还将出国探亲3个月。在他走后,他的位置会有5个月的时间空闲。平日里,与外国客户进行交流的事情大部分都是办公室主任,但是他的离开,让公司的一些重要事耽误了下来。

同事们都知道,这是一个吃力不讨好的活儿:不仅累,而且做好了也没有多大的好处,到最后还是要让位于人。当上司在办公室里征询意见时,所有的人都不作声,心想:谁会这么傻,愿意多为别人做5个月的工作呢?

看着上司为难的样子,杏子心一软:"不如我先来代主任做一段时间,等公司找到合适的人选之后,再替换过来好了。"

随后的5个月时间里,杏子一直做着主任的工作,一身兼两职,每日忙得团团转,谁知5个月后,消息传来,说主任正在申请国外的语言学校,国内的这把椅子他已经彻底放弃了。

杏子想,这下子人选非自己莫属了,毕竟自己已经进行了5个月的前期工作。谁知,在新主任的任命大会上,上司宣布的人选并不是杏子。杏子感到非常不解,自己这么努力勤奋,为什么还是没有升迁的机会呢? 为什么这些没有被别人看在眼里呢?

在办公室中,你要明白,自己是一个参与者,不是旁观者,为了自己的职场利益你不应只是呆呆地观望他人的进步,投去羡慕的目光,而是应积极地采取行动,在不得志时,学会寻找自己的原因,发现自我认知错误,同时适时克服,并在此基础上寻找职场晋升的机会。

误区一:上司知道我是勤奋的

很多在办公室中勤奋工作的人都会认为,上司肯定已经将自己的努力看在了眼里。但事实上,我们处于一个竞争激烈的社会中,包括上司在内,大家都有自己的发展问题需要去想,没有人会只专注于你的表现如何,更不会有人去浪费过多的时间专心发掘他人身上的每一个闪光点。所以,若你的勤奋没有恰当表现的话,上司很可能认为你是一个浑水摸鱼者。

误区二:上司知道我想升迁

许多人认为,表达自己想要获得晋升的愿意是一种愚蠢的行为,他们认为,上司自然会知道下属都想获得职位上的提升。但是,上司在进行职位人员选择时,不仅会看你的表现,更会看你是否懂得表达,你不说出来,别人怎么会知道?

误区三:同事不会与我进行新职位的竞争

不要以为自己在公司里拥有好人缘,大家就都会让着你。在现实利益问题上,所有的人都会优先考虑利益问题。从这一意义上来讲,每一个人都是你的竞争对手,而且,面对难得的升迁机会,大家都会趋之若鹜。

误区四：只要关心人事公告，便能知道是否有晋升消息

人事公告对你而言当然重要，但是你也不应因此而忽视其他的渠道，比如通过办公室小道消息你可以知道几乎所有的人事变动消息，而其中说不定就隐藏了你的升职时机。如果不加以留意，就有可能错过重要的信息。

误区五：不要与其他部门过多接触

不要以为自己与其他部门的员工进行密切的接触，会使上司认为自己想要调走，为了留住自己，也许他会考虑给自己新的晋升机会。事实上，如果你真的这样做了，上司只会对你更加防范，更不要提什么晋升机会了。

上述职场晋升中的误区，往往会使个人陷入认知错误中，从而作出错误的决定，使个人的职业发展受到严重的影响。想要走出这些心理误区，你便需要做到以下几点：

以一种巧妙的方式告诉别人自己是勤奋的

一名勤奋工作的员工默默努力不一定能获得应有的回报，还需要自己贴切的表达，以一种巧妙的方式告诉别人你是勤奋的。比如，你最近因为工作出色受到了表扬，那么就找个方式让上司在公司的时事通讯或者公告牌上认可你的成功。还可以给自己买一个饰物，作为这一成功的纪念物。当别人对这一饰物发表评论时，告诉他们其背后的故事。

勇敢说出自己想要晋升的想法

想要升迁又不说出来，上司一定不会知道。因此，为了得到晋升，一定要勇敢地说出来。花一些时间构思改进工作的计划，找机会跟上司会面,陈述你的目标。在得到上司的支持之前,不要结束会面。"您愿意帮助我吗?"这是在这种会面中必须问及的关键性问题,并不是因为上司乐于听到这样的问题,而是因为,如果你想进步,上司的支持通常是必不可少的。

专注工作,抓住时机

办公室不是咖啡馆,升迁总是排在友谊之前,为了更快地得到晋升,一定要专注工作,抓住时机,不要让别人钻了空子,而使自己失去晋升的机会。

多方面获取晋升信息

了解晋升的信息不仅仅是一种渠道,要多方面入手才能有所收获,可以借出入其他部门办公室的机会与人寒暄。"嗨,周末过得怎么样?"用这样的问题开头,可以很容易地与别人沟通。但要记住,不要逗留过长的时间。那样别人会误解你不努力工作,是一个四处游荡的"包打听",这样会不利于自己的晋升。

6.好薪水是挣来的,更是谈来的

加薪是一个很敏感的问题,在谈论在这个问题时对时机的把握以及对谈判技巧的掌握,不仅关系着你是否能达到目的,有时也影响你在公司以后的发展,因此要慎重对待。

张瑶是一名普通的会计,本来公司里有两名会计,两人应付公司安排的事情还凑合,至少不用加班也能完成,每天能按时在下午5点下班。但是近3个月来,张瑶的活儿明显增多了,经常加班到晚上七八点钟。因为另一位同事怀孕了,每天基本上干不了多少活儿。想到自己也是女人,将来也会怀孕,张瑶就多照顾了那位同事。可是这样一来,自己辛苦了不少。张瑶感慨地说:"原来自己做一个半人的活儿,是那么的难以应付。"

经过再三考虑,张瑶认为应该让老板给自己加点儿薪水,至少给点儿奖金吧。毕竟自己付出太多,老板应该理解的。可是几个月来,无论自己怎样做,老板似乎都像没有看见一样,丝毫没有给她加薪的念头。于是,张瑶决定自己主动提出此事。她找到了老板,微笑着对老板说:"总经理,我想申请加薪,要么您就再招一个人帮我分担些活儿。因为现在活儿太多了,我一个人实在太忙,另一个同事都快生产了,我们又不能够让她干太多活儿。您觉得我的要求合理吗?"

老板听后想了想,自己也清楚最近张瑶真的辛苦了,索性就问:"那你觉得给你加多少合适呢?"

张瑶笑了笑说:"我相信领导您是公平的, 绝对不会亏待任何一个人,我也相信您会根据我的工作成绩给予相应的回报。"

没过几天,人事部就通知张瑶,她的加薪通知下来了,比她想象中的要高出300。

可见，作为员工，如果想要让老板给你加薪，那么就必须主动提出来。你不提，不管用什么博弈招数都没用。

不过，当你在向老板要求加薪时，除了把加工资的理由一条一条摆出来，详细说明你为公司作了什么贡献而应该提高报酬之外，最重要的应该是确定自己提出的加薪数额。

林冰在公司已经工作了足足一年，这一年来不说功劳也有苦劳，而且林冰也较为勤奋，只是肚子里没有什么花花肠子，更别提要手腕了，所以一直没有得到升职和加薪的机会，机会总是被别的同事抢了去。最近，林冰想找领导谈一谈，如果领导不给加薪，只好另谋他就了。

林冰找到了领导，领导当即就同意为林冰加薪，还说了一些感谢林冰一年来勤勤恳恳工作，为公司分忧的话。这下林冰可被彻底感动了，当领导问他需要加多少薪水时，他为了给公司"省钱"，为了给领导留下一个体贴公司的好印象，竟然说："我要求的不多，您每个月给我加200吧。"领导当时脸色迅速转变了一下，之后又恢复正常，欣然同意。可是薪水虽然是涨了，领导对林冰的看法却越来越差了，林冰百思不得其解。

后来，有好心的同事告诉他："林冰啊林冰，自己要主动提涨薪的事儿，就一口气多提点儿，你提那么点儿值得主动去找领导吗？还弄得他认为你就值那么点儿钱似的，怎么会器重你呢？"

林冰若有所思地问道："那，有同事主动要求涨薪吗？要求涨多少呀？"同事微笑着说道："最少也应提出你所说的一倍。"

你如果主动要求涨工资，就应合理地提出要求，不要过高，更不要太低，要求太低就是让人看轻自己。

所以，在你与老板之间形成的博弈对局中，老板会综合地分析你的能力和价值，判断出该给你加薪的幅度，并以此作为讨价还价的依据。如果你的理由充分，又有事实根据，即使跟老板对你的看法有出入，老板也会设法协调。但是，如果你在加薪的对局中，提出的要求很低，那么你就无疑处于下风，让老板对你的看法更加不如从前。

切忌缺少自信和底气

不要把谈加薪当作一种谈判，而应该把它看作和上级的一次能为自己带来利益的有效沟通。其实不少老板都认为，能主动提出加薪要求者，心态一定积极；觉得自己付出很多，工作态度也势必积极。

切忌缺少准备，用词模糊

老板想知道的是，你对公司的贡献真的够多吗？你能用数据来证明你所谓的"付出"吗？所以，充分的准备是申请加薪成功的必然条件。日常工作中你就应注重积累，除了年终总结报告及日常工作报告，还应将自己对公司的贡献详细地记录在案，整理成书面材料。

不要和别的同事或者别的公司的薪资作比较

永远都不要说同事做得不如自己好，甚至干脆说同事做得不好。以这条理由提出加薪，第一表明你怀疑公司的薪资制度，第二表明你怀疑老板的英明决策。所以，用这条加薪理由前，你不妨先怀疑下自己，为什么老板给得少了？如果是自己的能力问题，那就再接再厉；如果是老板的问题，那表明你该跳槽了。

切忌不涉及加薪的具体数据

当老板表示可以考虑给你加薪，但却含糊其辞具体数字时，不要就此打住，要根据自己了解的情况讲出自己希望获得的加薪幅度；也不要在没有看清数额是否合理时就被动接受老板开出的薪水。

不要只拘泥于工资单

如果老板不同意加薪，你应该和老板谈一下是否能以其他方式来补偿，如奖金、休假、交通补助等；或者将加薪要求转化为要求公司给你提供职业发展机会，例如培训、转到更适合自己或更重要的工作岗位上，要求参与公司较大的项目或者未来发展计划等，同时借此表明自己愿为公司服务的热忱之心。

要选择恰当的时机

提出加薪的时机很重要，有时一个小细节就决定了你申请加薪的成败。如果你的公司正要雇用更多的员工，那么这就是要求加薪的好时机。因为对于经验和技术含量有要求的岗位，给内部员工加薪的成本要低于社会招聘成本。此外，你刚刚获得某项学位或专业资格认证，或者刚刚争取到一个大客户或完成一个项目时，也是提出加薪的好机会。千万不能在老板疲于应付财政危机或正因其他事情而承受压力时提出加薪。

加薪如被拒绝,不要闹情绪

如果你决定还在这家公司工作,如果你还没有得到更好的跳槽机会,那么当老板拒绝你的加薪要求时,不要表现出不合作的情绪或采用威胁手段。没有一个聪明的老板会放走能为他创造价值的优秀员工。所以,你可以礼貌地追问老板自己哪些方面做得还不够,让他在了解你的同时,对你产生信任,进一步交代任务。这些任务就是你将来的工作目标和发展空间。

好的薪水是挣来的, 更是谈来的。光干活儿不拿钱不是精英,是白痴;为了薪水吵得脸红脖子粗也不是精英,是"暴徒"。想加薪,要心平气和、有理有据地"谈"而不是火急火燎、急功近利地"要"。真正的职场精英都是谈判高手,能通过谈判让老板为自己的劳动力出个合理的价钱。

第 九章

所有为现实让路的，
都不是出众的梦想

　　古希腊大哲学家苏格拉底在开学第一天对学生们说："每个人把胳膊尽量往前甩，然后再尽量往后甩。从今天开始，每天做300下。大家能做到吗？"学生们都笑了。这么简单的事，有什么做不到的？过了一个月，苏格拉底问学生："每天甩手300下，哪些同学坚持了？"有90%的同学骄傲地举起了手；又过了一个月，苏格拉底问："每天甩手还有哪些同学坚持了？"这回坚持下来的学生只剩下一半；一年过后，苏格拉底再次问时，整个教室里，只有一个学生举起了手，他的名字叫柏拉图。

　　世间最容易的事是坚持，最难的事也是坚持。说它容易，是因为只要愿意做，人人都能做到；说它难，是因为真正能做到的，终究只是少数人。

理由很简单：并不是每一个坚持"举手"的人都能成为柏拉图——无效的等待和无望的结果，如同西西弗斯的巨石，似乎永远也没有推到山顶的一天，于是大多数人都选择了松手。

然而，如果石头永远无法到达山顶，还有什么比推动它更有意义呢？如果失败永远无法逃避，还有什么比过程更重要呢？

当巨石不再在西西弗斯心中成为苦难的时候，诸神便不再让巨石从山顶滚落下来——生活总会给你眷顾的眼睛。只要你托起这块叫坚持的巨石，记得，所有为现实让路的，都算不上出众的梦想！

1.每个人的今天，都是为明天而准备

梦想是能量，是力量。伟大人生的动力来自远大的梦想！有梦想才有奋斗，有奋斗才有发展！人不能没有梦想，它是人生的指南针，是每个有志者的人生灯塔，是激励人生不断前进的动力。梦想有多远，人就能走多远。没有梦想的人，只会变得慵懒，永远不会去把握成功的契机,永远不会有所发明和创造。

比塞尔是西撒哈拉沙漠中的一颗明珠,每年有很多游客到这里来旅游。然而在肯·莱文没有发现它之前,这只是一个落后而无人问津的地方。

当时,在这里生活的人从没有一个走出过这个大漠,不是这里的人不想走出来,不想离开这个地方,而是他们已经试了很多次,但都没有成功。

肯·莱文来到这个地方,他多次向当地的居民询问这件事,但得到的答复也都是一样的:无论向哪个方向走,最后都会转回出发的地方。对于他们的回答,肯·莱文有些怀疑,于是,他想亲自从这里走一次,看看到底能不能走出这个人们都无法走出来的大漠。

很快,他的计划就开始施行了,令他感到惊喜的是:他仅仅从这里走了3天就走了出来。这个结果完全打破了居民认为无法走出这里的说法。

可是,既然他能用这么短的时间从这里走出来,那么为什么当地的村民却走不出来呢?他觉得这是一个谜团,为了解开这个谜团,肯·莱文雇用了当地的一个居民,让他在前方走,带领自己走出这个大漠。

为了保证这次试验的结果,给当地居民一个惊喜的结果,他收起了所有用来辨别方向的现代器具,带足了路上的用品,开始了他们的探索之行。当地的那个居民在前方走,而他在后面跟随着,可是一直走了十多天,走过了几百英里的路程,最终他们又回到了原来的地方,肯·莱文对这样的结果并没有感到难过,而是非常的兴奋,因为在这次行程中,他终于找出了当地人走不出大漠的原因,原来比塞尔人根本就不认识北斗星,他们没有方向意识。比塞尔这个地方到处都很荒凉,行程中很难找到参照物,如果此时没有方向感,那无疑是走不出来的。

于是,肯·莱文想教给当地人如何辨别方向,彻底瓦解他们那种无法走出来的想法。于是,他再次带着上次给他带路的那个当地人离开了这里。但这次他不单单是让这个人给他带路。他们白天休息,当夜晚的时候开始行走,并告诉他,这次行走时让他看着天上的北斗星,只要他朝着北斗星的方向走,就一定能走出沙漠。

那个居民照着他说的话去做了,果然在3天后走了出来,这个当地的居民也因此成了比塞尔这个地方的开拓者,他的铜像被竖在小城的中央。铜像的底座上刻着一行字:新生活是从选定方向开始的。

如今,这个地方已成为很多人向往的旅游胜地。

故事看毕,许多人应该都感觉到生活中拥有目标和方向的重要性。古语说"英雄不问出处",无论一个人曾经如何,只要他从现在开始为自己设定一个目标,并矢志不移地朝着目标前进,他就等于找到了前进路上的指南针。成功就在不远处。

在相邻的两座山上分别有两座庙,在庙里分别住着两个和尚，而这两座山之间有一条溪流。因为山上没有水源，这两个和尚每天都会在同一时间到山下溪边挑水。久而久之，他们便成了朋友。

就这样，他们每天挑水，不知不觉过去了5年时间。突然有一天，左边这座山上的和尚没有下山挑水。右边山上的和尚有点儿纳闷了，莫非他生病了？然而，过去了半个月，左边山上的和尚还是没有下来挑水。又过了半个月，还是没有见到他。

右边山上的和尚有些不放心了，他担心他的朋友发生了什么不测——一个人几天不喝水会被渴死。于是他决定去看望他的朋友。

等他爬上左边的山，看到他的老友之后，他大吃一惊。因为他的老友，正在庙前打太极拳，一点儿也不像一个月没喝水的人，而且看起来精神抖擞。他好奇地问："你已经一个月没有下山挑水了，难道你不用喝水吗？"这座山的和尚说："来来来，我带你去看。"

他带着右边那座山的和尚走到庙的后院，指着一口井说："5年前我就决定要在这里挖一口井。这5年来，我每天做完功课后，都会抽空挖井。有时即使很忙，能挖多少就算多少。如今，终于让我挖出水来，我就不必再下山挑水。这样我可以有更多时间，练我喜欢的太极拳了。"

每个人的今天实际都是为明天而准备的。左边山上的和尚因为5年前有了挖井的规划，并且把他的规划付诸行动，所以5年后他有了井水,不必再每天下山去挑水。这样他就有更多的时间来做自己喜欢做的事,也不必那么辛劳。而右边山上的和尚因为没有设想、没有规划,只得每天费时费力下山挑水喝。

看完这个故事,我们不难得出这样一个结论:今天或者说现在的一个决定可能对10年后的生活产生很大的影响。今天的轻松,是因为你把生活的责任留在了将来;今天的苦累,是为明天的路铺上基石。一份好的人生规划,能对你的今天和明天作出最好的衔接。

2.用匠人精神锁定目标

人生需要仔细规划,没有仔细规划的习惯,只能使自己每天过粗糙的生活,更谈不上打开人生局面。成大事者的习惯之一是善于在自己的人生规划图上精打细算!

两名瓦工,在炎炎烈日下辛苦地建筑一堵墙,一位行人走过,问他们:"你们在干什么?"

"我们在砌砖。"一个人答道。

"我们在修建一座美丽的剧院。"他的同伴回答。

后来,将自己的工作视为砌砖的瓦工砌了一生的砖,而他的同伴则成了一位颇有成就的建筑师，承建了许多美丽的剧院。

为什么同是瓦工，他们的成就却有着如此巨大的差别？其实，我们从他们两人不同的回答中，已经可以看到他们之间不同的人生态度——前者把工作仅仅当成工作而已，后者则把工作当作一种创造；前者只知道把一块块砖砌到墙上去，别的一概不知不问，后者不仅是在把砖砌到墙上去，而且他的目的很明确，要修建一座美丽的剧院。

两个人在做同样的工作，一个有目标，一个无目标，这就是造成两人成就不同、命运迥异的根本原因。

你为自己的人生设立了什么目标呢？

曾有人巧妙地把人比喻为一条船。在人生海洋中，大约有95%的船是无舵船。他们总是漫无目的地漂泊，面对风浪海潮的起伏变化，他们束手无策，只有听其摆布，任其漂流。结果他们要么撞岩，要么触礁，以沉没而告终。

一个人如果没有目标，就像一艘无舵的船，永远漂泊在无边的海上。一个人要想创立一番事业，必须量身订制一个目标。只要拥有目标，机会就会时刻在身边。

这个世界上有太多忙忙碌碌的人，他们机械地重复着每天的生活。眼睛一闭一睁，一天过去了，眼睛一闭不睁，这辈子过去了。从不问自己，到底在做什么？为了什么而活？

在竞争日趋激烈的今天，学会给自己的人生科学地定个目标非常重要。目标是成功的起点，当你明确了人生目标，也就找到了奋斗的方向,你的潜力也才能得到充分的发挥。

　　罗杰·罗尔斯是纽约州第53任州长,也是纽约历史上第一位黑人州长。他出生在声名狼藉的大沙头贫民窟,这里可以说是罪恶的发源地。在这里长大成人的孩子,要么是在监狱里,要么就是处于即将步入监狱的状态,只有极少数的人能获得较体面的职业。罗杰·罗尔斯就是个例外,他不仅考入了大学,而且还成了州长。在就职的记者招待会上,罗杰·罗尔斯对自己奋斗史只字未提,他仅说了一个非常陌生的名字——皮尔·保罗。

　　后来人们了解到,皮尔·保罗是他念小学时的一位校长。1961年,皮尔·保罗被聘为诺必塔小学董事兼校长。当时正值美国嬉皮士流行的时代,他走进大沙头诺必塔小学的时候,发现这儿的穷孩子比迷惘的一代还要迷茫,他们旷课、斗殴,甚至砸烂教室的黑板,很有"农民起义"的架势。当罗尔斯从窗台上跳下来走向讲台时,皮尔·保罗说:"我看你修长的小拇指就知道,将来你是纽约州的州长。"

　　罗尔斯非常吃惊,因为长这么大,只有他奶奶让他振奋过一次,说他可以成为5吨重小船的船长。这一次,皮尔·保罗先生竟说他可以成为纽约州的州长,着实出乎他的意料。他记下了这句话,并且相信了它。

　　从那天起,纽约州州长就成为他心中的一个目标。从那一天开始,他的衣服干净整洁,说话开始彬彬有礼,挺直了腰板走路,还成为班长。在以后的40年间,他没有一天不按州长的身份要求自己。51岁那年,他真的成为州长。

目标,应该是明确的。怎样才能进行积极的"目标设定"呢?其秘诀就在于明确规定目标,将它写成文字,妥为保存。然后仿佛那个目标已经达到了一样,想象与朋友谈论它,描绘它的具体细节,并从早到晚保持这种心情。

海上行舟与我们的人生何其相似。在人生的海洋上,流逝的时间像吹到船上的风,扬起风帆的船就是我们自己。周围发生的一切,都无法代替我们去驾驭那只属于我们自己的小船。

别忘记牢牢地把稳你的船舵。制订了计划,努力推进它而不摇摆拖曳。一天有一天的目标,即刻行动起来!对确立的目标,坚定不移地执行到底。只要你能够这样每天"彩排"一遍,潜在意识就能自然接受它,使你一天天向理想的目标迈进。

人都会有这样的体会:当你确定只走1公里路的目标,在完成0.8公里时,便会有可能感觉到累而松懈自己,以为反正快到目标了。但如果你的目标是要走10公里路程,你便会做好思想准备和其他,调动各方面的潜在力量,这样走七八公里后,才可能会稍微放松一点。可见设定一个远大的目标,可以发挥人的很大潜能。

大目标是人生立大志,可能需要十年二十年甚至终生为之奋斗。这样大目标的设定是很难精确详细的。尤其是对经验不足、阅历不深的人来说,更是如此。随着成大事经验的增加,阶段性的中短期目标的实现,人会站得更高,这样对人生大目标的确立会逐渐清晰、明确。

3.你必须跑得再快一点,再快一点

熟悉三国故事的人,都常常为"死诸葛吓走活仲达"这一幕话剧拍手叫绝。

话说诸葛亮临死之前,料想自己一命归阴后,司马懿会乘机起兵追杀,便授计大将杨仪,在自己死后退兵时,待司马懿率兵追来,就推出自己的木雕塑像,以假乱真,达到惊退司马懿的目的。后来,诸葛亮死了,司马懿果然发兵追击,杨仪按照诸葛亮生前的遗嘱做了,那司马懿以为诸葛亮还健在,生怕中了他的计谋,不敢进逼。于是杨仪率军结阵从容而去。不久,司马懿知道了事情真相,惊呼上当,并自我解嘲说:"吾能料生,不能料死。"

的确,诸葛亮行事如果没有这种高超的预测力、高明的预见力,就难以屡战不败,后人也绝不会尊之为神明。

21世纪是一个充满风险、充满挑战的社会,我们的生活、职业、娱乐、思维方式都将发生很大变化。要在这样的环境里很好地生存,就要学会深谋远虑,防患于未然。

每天,当太阳升起来的时候,非洲大草原上的动物就开始奔跑了。

狮子告诉自己的孩子:"孩子,你必须跑得再快一点,再快一点,你要是跑不过最慢的羚羊,你就会活活地饿死。"

在大草原的另外一端,羚羊妈妈也正在教育自己的孩子:"孩子,你必须跑得再快一点,再快一点,如果你不能比跑得最快的狮子还要快,那你就肯定会被它们吃掉。"

为了生存,羚羊和狮子不得不在草原上狂奔,除了奔跑它们别无选择。危机感使它们无暇他顾,一心奔跑,比对手更快也是它们唯一的选择。

我们常说的"有时常思无时""有备无患"也是指的这个道理。仔细想想,你有否为自己的将来做过什么准备?如果只是一味在担忧,什么也不去做,那么,可悲的命运降临到你头上的可能性就更大。反之,若你一直在为自己的今后做准备,你就无须害怕,因为你已经备好应对的方法。

凡事预则立,不预则废,有备才能无患。居危思安是对生于忧患、死于安乐这种规律性现象的自觉认识和提前防范。要想积极主动地化解或战胜风险,就需要我们警钟长鸣,保持居危思安的忧患意识。

意大利梅洛尼公司的负责人梅洛尼先生,在几十年前,曾被美国GE公司告之:"我们决定收购你们公司,你回去做一下准备。"梅洛尼先生当时很气愤地说:"我还没有卖掉我公司的打算。"对方就撂下一句话:"那你等着瞧吧!"

从那以后的20年,梅洛尼公司一直都还存在,品牌还是属于自己的,不但如此,梅洛尼的家电产品还在欧洲占了很大的份额。

这个时候的梅洛尼先生也已经老了,他说:"这20年来,我时刻都战战兢兢,如履薄冰,拼命地奔跑,正因为这样,我的公司才避免了被别的大公司吞并的厄运。"

梅洛尼或许打心眼里感谢当初对他口出狂言的GE公司,是他们迫使他产生了危机意识,也正是那份危机意识让他有了现在的成功。

20世纪90年代初,波音公司产量大幅下降,公司昔日的辉煌已经渐渐远去。为了走出经营低谷,波音公司自己摄制了一部虚拟的电视新闻片:在一个天色灰暗的日子,众多的工人垂头丧气地拖着沉重的脚步,鱼贯而出,离开了工作多年的飞机制造厂。厂房上面挂着一块"厂房出售"的牌子,扩音器中传出声音:"今天是波音时代的终结,波音公司关闭了最后一个车间……"

画面反复播放这则企业倒闭的电视新闻使员工们强烈地意识到市场竞争残酷无情,市场经济的大潮随时都会吞噬掉企业,他们也随时会有失业的危机。

波音公司通过这个片子告诫员工：如果本公司不进行彻底的变革，很快就会迎来末日。

波音公司员工真正的危机感源于公司的这个策略、源于这个广告片，他们真切地感受到"末日即将来临"。员工的忧患意识和不懈奋斗的精神被激发出来后，波音公司得以迅速复兴。

在华为正当盛世，销售额达到220亿元，跃居中国IT业之首，全体员工士气高昂时，2000年底，任正非却突然抛出了"华为的冬天"一说，给行走在坦途上的全体华为员工敲响了警钟：

"公司所有员工是否考虑，如果有一天，公司销售额下滑、利润下滑甚至破产，我们怎么办？我们公司的太平时间长了，这也许就是我们的灾难。'泰坦尼克号'也是在一片欢呼中出海的。"

"10年来我天天思考的就是失败，对成功视而不见，也没有什么荣誉感、自豪感，而是危机感。也许是这样才存活了10年。我们大家要一起来想怎样才能活下去，也许才能存活得久一些。"

"失败的一天是一定会到来，大家要准备迎接，这是我从不动摇的看法，这是历史规律。"

"而且我相信，这一天一定会到来，面对这样的未来，我们怎样来处理，我们是不是思考过？我们好多员工盲目自豪，盲目乐观，如果想过的人太少，也许就快来临了。居安思危，不是危言耸听。"

挫折、困苦成就了任正非，也深刻地影响了他的处世原则。他宁愿让自己以及华为员工生活在无边的忧虑和惊恐中，也不想让自己与员工放松警惕哪怕一刻钟。

华为正当盛世，任正非就已经考虑到居安思危，从这当中不难看出，华为为什么会在短时间内，成就起如此卓越的事业。

一个没有危机意识的企业迟早要垮掉。同样的，一个没有危机意识的人，必会遭到未来不可预测的灾难。因未来不可预测，人也不可能天天走好运，所以我们更要有危机意识，在心理上和行动上准备好应付突如其来的变化。若没有事先准备，光是心理受到的冲击就会让你手足无措，更别提应对了。危机意识或许无法消灭问题，但至少可把灾害降到最低，为自己开辟出一条生路。

在一次狩猎中，野兔被一只猎狗追赶，猎狗费尽力气，也没能追上野兔。"为什么我体形比你大得多，力气也比你大，却怎么也追不上你？"野兔回答："那是因为我们奔跑的目的不同，你只是为了饱餐一顿，而我则是为生存而奔跑！"

每个人都必须像野兔一样，"为了生存而奔跑"，绝不能安于现状。全球驰名的GE公司，更是把这个寓言的精髓演绎到了墙上的宣传版上，到处张贴狮子和羚羊奔跑的图画。羚羊跑在前面说："只要我稍一松懈，就会成为狮子的美餐。"而狮子则在后面穷追不舍，说："虽然我是狮子，但我若追不上羚羊，就会饿死。"

4.现在很寂寞，未来很美好

　　成功的路上充满艰辛，每一个追求成功的人都不会一帆风顺。坎坷、无耐、寂寞、孤独常常伴随在他身边。在追求的过程中，当寂寞成为一种切身的感受、成为生活的状态时，成功看似遥遥无期，其实它已悄悄到来。耐得住寂寞，就是在守候成功。

　　成功从来都伴随着痛苦和寂寞。寂寞，是成长所必须承受的"痛"。当我们年轻时，谁没有遭遇寂寞，痛恨寂寞，并想摆脱寂寞呢？成功之前，只有你一个人在踽踽前行，没有鲜花，没有掌声，没有赞美，甚至得到了更多的嘲笑和打击，没有人会把目光多留在你身上一点。在成功到来之前，你需要一天天在冷清中度日而且还得继续前行。然而，有人将这份寂寞当成了一种储蓄，以积少成多的投入换取更丰盛的财富，积存在生命的仓库中。

　　一位美国心理学家曾经做过这样一个试验，并长期跟踪下去。

　　心理学家给一些4岁的小孩子每人一颗非常好吃的软糖，同时告诉孩子们可以吃糖，如果马上吃，只能吃一颗；如果等20分钟，则能吃两颗。面对糖果的诱惑，有些孩子急不可待，马上把糖吃掉了；另一些孩子却能等待对他们来说是无限漫长的20分钟。为了使自己耐住性子，他们闭上眼睛不看糖，或头枕双臂、自言自语、唱歌，有的甚至睡着了。最后，他们终于吃到了两颗糖。

这个试验后来一直继续了下去，那些在他们几岁时就能等待吃两颗糖的孩子，到了青少年时期仍能等待，而不急于求成。而那些迫不及待只吃了一颗糖的孩子，在青少年时期更容易有固执、优柔寡断和压抑等个性表现。

当这些孩子长到上中学的年纪时，就会表现出某些明显的差异。对这些孩子的父母及教师的一次调查表明，那些在4岁时能以坚忍换得第二颗软糖的孩子常成为适应性较强，冒险精神较强，比较受人喜欢，比较自信、独立的少年。而那些在早年已经不起软糖诱惑的孩子则更可能成为孤僻、易受挫、固执的少年，他们往往屈从于压力并逃避挑战。

研究人员在十几年以后再考察那些孩子现在的表现后发现，那些能够为获得更多的软糖而等待得更久的孩子要比那些缺乏耐心的孩子更容易获得成功，他们的学习成绩要相对好一些。在后来几十年的跟踪观察中，有耐心的孩子在事业上的表现也较为出色。

在这个试验中，糖果是一种诱惑，在追求成功的过程中，学会寂寞就是在拒绝诱惑。当对梦想的渴望更强烈，对成功的目标更坚定，忍受得了寂寞，就是在走向成功。过早地吃到自己的糖果，过早地屈服于诱惑，只会让自己离成功更远。

时间最能考验人的意志，困难最能磨炼人的意志。在人生和事业追求的过程中，寂寞在所难免，困难和挫折在所难免。面对这一切，坚守和执着进取的意义就会非常突出。许多大事之成,不在于力量的大小,而在于坚持了多久。

一个人要取得事业的成功,必然要经历困难和痛苦的过程。是成功还是失败,往往在于有没有耐力,有没有坚忍不拔的忍耐。有时候成功者和失败者的主要区别就在于能否耐得住寂寞。

越王勾践,曾是吴王的阶下囚,沦落到为吴王夫差当马车夫的地步。可如此境遇的他仍然忍辱负重,最后,东山再起,打败了吴王夫差。

史学家司马迁,被害入狱,惨遭酷刑,可他没有放弃,而是在狱中,独自忍受着寂寞,专心写作,终于完成了我国的第一部纪传体通史——《史记》,从此留名青史。

著名的画家梵高,生前陪伴他的是那大片大片的金黄色的麦田、倒了一只靴子的杂乱的房间、色彩浓烈得让人窒息的向日葵。当时人们不认同梵高的作品,后世却推崇他的价值,他的作品被卖到天价。

在寂寞中,贝多芬悄然地品尝着生活的不幸,却没有向命运低下那不屈的头颅。所以,他的《命运交响曲》充满着穿透人心、震撼人心的力量。

没有人一辈子都在成功,也没有人一辈子都不会成功。很多人不能成功,并不是自己没有成功的欲望,而是欲望太过强烈,目标太过宏大,心情太过急切。

寂寞,可以让我们有时间仔细审视自己的过去、现在、将来,可以让我们有空间认真地环顾自己的后面、周围、前方,可以让我们有兴趣轻松面对自己的快乐、悲伤,可以让我们有精神全力地爱护自己的亲人、朋友、爱人,更可以让我们有毅力牢牢地把握自己的人生。

不在沉默中爆发,就在沉默中死亡,今天的沉默只为明天的迸发,现在的寂寞必然得到将来的成功。

5.你的能量超乎你的想象

一项调查显示,在阅读一本书时,正常人的阅读速度为每小时30～40页,而潜能得到激发的人却能达到每小时300页;人脑兴奋时,只有10%～15%的细胞在工作;人脑可储存10个甚至更多的信号,而保留在记忆中的却只是很小一部分。由此可见,人类社会的进步还有待于对潜能的进一步激发。

我们知道在这个社会,一般有三种人生道路:第一是从政;第二是从商,搞经济;第三是学术,比如老师,学者之流。另外,每一个人出生的那一刻,就注定他身上带有一种长处,这个长处不仔细研究很难发现,只有当到了社会上磨炼,最后才慢慢显现出来。有的人做什么好像是天生的,比如说文人的骨相、武将的骨相。有的人要经过长期的磨炼,随着外缘而变化,导致失去自己原来的本性，随波逐流，那也是一种人生。

　　人都能学会写字，但是并非人人都能成为作家。最优秀的作家具备某种无法教授的内在才能。任何技能都是如此，往往是只可意会不可言传的。学会如何正确弹奏所有的乐符与成为一个钢琴家之间有着巨大的区别一样，同样的一群人当中，一个人有可能在若干年以后成为这群人的领导者、主宰或是非常有成就的一个人。这就像我们小的时候与我们同龄人、同学和朋友在同样的环境条件与教育背景共同成长，但许多年以后，你发现你还有令自己都感觉到吃惊的技能，暗暗告诫自己，原来我全力以赴地做下去，可以做得更优秀。

　　朋友近一年从一个普通员工升到了其公司部门经理，工资更是翻了几倍。

　　在朋友的升迁庆祝聚会上，架不住我们的一再要求，他告诉我们自己是如何能够从一个没有强势人脉、没有后台背景，引爆潜能，而升任到这家企业一个重要部门经理的。

　　朋友在这家企业觉得自己满腔抱负没有得到上级的赏识，但他又存在性格缺陷，比较唯诺和软弱，但内功能力却有一定水准。面对自己在企业5年以来默默无闻忍受低薪的痛苦，与他内在修炼能力与实际力的无法发挥，形成了鲜明的对比，他发现他有着相当强的管理能力和领导才能。于是他紧抓不放决定要将这项潜能发挥出来，但苦于没有机会。所以他经常想：如果有一天能见到老总，有机会展示一下自己的才干就好了！他去打听老总上下班的时间,算好他大概会在何时进电梯,他也在这个时候去坐电梯,希望能遇到老总,有机会可以打个招呼。并且他详细了解老总的奋斗历程,弄清老总毕业的学校、交际风格、关心的问题,精心设计了几句简单却有分量的开场白,在算好的时间去乘坐电梯,跟老总打过几次招呼后,终于有一天跟老总长谈了一次,不久就争取到了部门经理的职位,并且薪水也涨了几倍。

"当一件事'不得不'做时,我们往往能够做得非常好,但很少有人逼我们做什么,所以很多人就放任自己了。一个人真正的潜能只有在你的自控力和行动力足够强,才能真正发挥出的,而自控力和行动力都是可以训练的。"

许多时候,我们都会听到有人抱怨"人才被社会埋没了",但是仔细思考,是那个所谓的人才缺乏信心和勇气、安于现状、不思进取、自我埋没! 许多情况下,我们需要给自己一点额外的和足够的刺激,适当的时候给自己某些特殊的有益的暗示,让自己对事业多一份信心,多一点勇气,多一些胆略和毅力,就有希望使自己的潜能从休眠状态下苏醒,发挥无穷的力量,创造成功。

俄国戏剧家斯坦尼斯拉夫斯基在排一场话剧时,女主角因故不能参加演出,出于无奈,他只好让他的大姐担任这个角色,可他大姐从未演过主角,自己也缺乏信心,所以排演时演得很糟,这使斯坦尼斯拉夫斯基非常不满,他很生气地说:"这个戏是全戏的关键,如果女主角仍然演得这样差劲儿,整个戏就不能再往下排了!"这时全场寂然,屈辱的大姐久久没有说话,突然她抬起头来坚定地说:"排练!"一扫过去的自卑、差涩、拘谨,演得非常自信、真实。斯坦尼期拉夫斯基高兴地说:"从今天以后,我们有了一个新的大艺术家。"

当然,发挥潜力,需要抓住机遇,当机立断;需要有的放矢,躬身实践。这时候,你会发现令你开心的事不在别处,就在你自己身上;你可以永远和乐观相伴,尽管危机和挑战可以随时来临,但是你总有能力使自己生活得风平浪静。

美国的笛福森,45岁以前一直是一个默默无闻的银行小职员。周围的人都认为他是一个毫无创造才能的庸人,连他自己也看不起自己。然而,在他45岁生日那天,他读报时受到报上登载故事的刺激,遂立下大志,决心成为大企业家。从此,他判若两人,以前所未有的自信和顽强毅力,破除无所作为的思想,潜心研究企业管理,终于成为一个颇有名望的大企业家。

也许,我们每个人得出的启示不一样。但是,至少有一点不能否认,许多时候我们感到自己"状态不佳"或"精力不足"或"恐惧犯错误",于是就把必须做的事放在一边,等待最佳时机的出现,可最佳时机却总也没有出现的机会。这些时候,给自己找一些无法发挥潜能和受客观因素限制的借口,自己的身体、大脑与心灵的宇宙是无法发挥出来的。

我们也可以得出另一个结论：无论是在职场还是你的日常生活，只要肯于挖掘，任何人的潜力都是无穷的，只要你是一个喜欢开动你大脑和用行动来证明自己的人。宇宙固然是无限的，潜力也是无穷的，善于开发利用则关乎你的潜能能否发掘得出的关键，做到了这些，因潜能秀出你自己的时日也就是在眼前的事。

6.与其不尝试而失败，不如尝试了再失败

生活中伟大的成功者在机遇降临时，总愿放大胆子一试身手。在我们一生中，在某些时候我们必须采取重大的和勇敢的行动，大胆去尝试，敢于冒险，唯有如此，才会有成功的机会。

不论何时，只要尝试做事的新办法，人们就要把自己推向冒险之途。假如你想致力于改良事物的现况，就不得不欣然去冒险。

成功者最大的特点就是，具有用新的点子做试验及冒险的意愿。进取的人和普通人最明显的差别就在于：进取的人在态度上勇于冒险，且具新观念，能鼓舞他人去从事一无所知的事物，而非尽玩些安全的游戏。他们之所以敢于冒险，是因为有冒险力的驱动。如果做事怕冒险的话就没办法把事情做好了。而要冒险，一定要有足够的勇气及资本。所谓的资本是指冒险力。光凭

第六感觉或运气是没办法安然度过大大小小的风险的。如果一切都在计划之内、意料之中，也就算不上什么冒险了。冒险力就是在无法确定的复杂情势下，发挥它的神奇魔力的。

说到冒险精神，人们就会联想到发现美洲新大陆的哥伦布。

哥伦布还在求学的时候，偶然读到一本毕达哥拉斯的著作，知道了地球是圆的，他就牢记在脑子里。经过很长时间的思索和研究后，他大胆地提出，如果地球真是圆的，他便可以经过极短的路程而到达印度了。自然，许多自以为有常识的大学教授和哲学家都嘲笑他的意见。他们觉得，他想向西方行驶而到达东方的印度，岂不是傻人说梦话吗？他们告诉他，地球不是圆的，而是平的，然后又警告道，他要是一直向西航行，他的船将驶到地球的边缘而掉下去……这不是等于走上自杀之路吗？

然而，哥伦布对这个问题很有自信，只可惜他家境贫寒，没有钱让他去实现这个理想。他想从别人那儿得到一点儿钱，助他成功，但一连空等了17年，还是失望，所以，他决定不再向这个"理想"努力了。因为使他忧虑和失望的事情太多了，竟使他的红头发也完全变白了——虽然当时他还不到50岁。

灰心的哥伦布，这时只想进西班牙的修道院去度过后半生。正在这时候，罗马教皇却怂恿西班牙皇后伊莎贝露资助哥伦布。教皇先送了65元给哥伦布，算是路费。但他自觉衣服过于褴褛，便用这些钱买了一套新装和一匹驴子，然后启程去见伊莎贝露，沿途穷得竟以乞讨糊口。皇后赞赏他的理想，并答应赐给他船只，让他去从事这种冒险的工作。为难的是，水手们都怕死，没人愿意跟随他走。于是哥伦布鼓起勇气跑到海滨，捉住了几位水手，先向他们哀求，接着是劝告，最后用恫吓手段逼迫他们去。另外他又请求女皇释放了狱中的死囚，并许诺他们如果冒险成功，就可以免罪恢复自由。

1492年8月，哥伦布率领3艘船，开始了一次划时代的航行。刚航行几天，就有两艘船破了，接着他们又在几百平方公里的海藻中陷入了进退两难的险境。他亲自拨开海藻，才得以继续航行。在浩瀚无垠的大西洋中航行了六七十天，也不见大陆的踪影，水手们都失望了，他们要求返航，否则就要把哥伦布杀死。哥伦布兼用鼓励和高压两种手段，总算说服了船员。

也是天无绝人之路，在继续前进中，哥伦布忽然看见有一群飞鸟向西南方向飞去，他立即命令船队改变航向，紧跟这群飞鸟。因为他知道海鸟总是飞向有食物和适于它们生活的地方，所以他预料到附近可能有陆地。果然，他们很快发现了美洲新大陆。

当他们返回欧洲报喜的时候，又遇上了四天四夜的大风暴，船只面临沉没的危险。在这十分危急的时刻，他想到的是如何使世界知道他的新发现，于是，他将航行中所见到的一切写在羊皮纸上，用腊布密封后放在桶内，准备在船毁人亡后，使自己的发现能够留在人间。

哥伦布他们总算很幸运，终于脱离了危险，胜利返航了。无须赘言，哥伦布如果没有不怕困难、不怕牺牲、勇往直前的进取精神，"新大陆"能被早日发现吗？

哥伦布的探险成功了。

哥伦布那种无畏、勇敢和百折不回的精神，值得作为我们的模范。当水手们畏惧退缩的时候，只有他还要勇往直前；当水手们"恼羞成怒"警告他再不折回，便要杀了他时，他的答复还是那一句话："前进啊！前进啊！前进啊！"

看看哥伦布，再看看我们自己，我们没有任何理由不去修正自己，以便建立起敢于打破传统框架、勇于去冒险的坚定信念。然而，可悲的是，固守传统观念的中国人，崇尚"稳中求胜"，认为"凡人世险奇之事，绝不可为。或为之而幸获其利，特偶然耳，不可视为常然也。可以为常者，必其平淡无奇，如耕田读书之类是也"。可是，随着时代的发展，这种思想已明显落伍。常人的机遇，常人的成功，往往存在于危险之中，你想要美好的机遇吗？你想要事业的成功吗？那就要敢冒风险，投身于危险的境地，去探索、去创造，不要瞻前顾后，不要惧怕失败。

7.变得更好更快，还要变得更"异"

孙子兵法讲以正合、以奇胜。奇招绝对不是常规的方法，肯定是创新的方案，超出对手的想象和预测，打破了惯性思维，进而才有了出奇制胜的效果。

假设在一间地面是水泥做成的空屋子内，水泥地面上垂直地埋放着一尺左右长的一段底端封闭的钢管。钢管的内径略大于一只乒乓球的外径，恰好有一只乒乓球落在钢管的底部。现在，你拥有下列工具：

50米长的晒衣绳；

一把木柄铁锤；

一把凿子；

一把钢制锉刀；

一只金属晒衣架；

一只电灯泡。

请你把乒乓球从钢管中取出，但不准弄坏地面、钢管和乒乓球。在5分钟内，列出你能想到的所有解决办法。

在一次比赛中，第一队想到的解决方法是：用锉刀把金属衣架锉断，然后把断开的两端磨平，做成一把大镊子，用这把大镊子把乒乓球夹了出来。第二队的解决方法是：用锉刀把铁锤的木柄锉成木屑，用这些碎木屑慢慢填进钢管，使乒乓球一点点地"浮"上来。

其实，这两队的解决方法都是比较新颖独特的，但都不是最简便的，不是最有创造力的。更简单的方法是往钢管里小便，无须任何工具就能使乒乓球浮上来。

你是否想到了这个方法呢？如果没有想到,原因何在？这就涉及了文化禁忌的问题,在我们的文化中,是鼓励在厕所里小便而不是在其他的场合。假若你想到了,你敢不敢向你的队友提出呢？是不是怕一说出来会引起哄堂大笑而不敢提出？又或者是不好意思提出这么"粗俗"的做法？

这个小试验告诉我们,这种来自文化方面的禁忌会限制人们的思路,从无形中排除了许多本可以想出来的好办法。

一家化学实验室里,一位实验员正在向一个大玻璃水槽里注水,水流很急,不一会儿就灌得差不多了。于是,那位实验员去关水龙头,可万万没有想到的是水龙头坏了,怎么也关不住。如果再过半分钟,水就会溢出水槽,流到工作台上。水如果浸到工作台上的仪器,便会立即引起爆裂,里面正在起着化学反应的药品,一遇到空气就会突然燃烧,几秒钟之内就能让整个实验室变成一片火海。实验员们面对这一可怕情景,惊恐万分,他们知道谁也不可能从这个实验室里逃出去。那位实验员一边去堵住水嘴,一边绝望地大声叫喊起来。这时,实验室里一片沉寂,死神正一步一步地向他们靠近。就在这时,只听"叭"的一声,大家只见在一旁工作的一位女实验员,将手中捣药用的瓷研杵猛地投进玻璃水槽里,将水槽底部砸开一个大洞,水直泻而下,实验室里一下转危为安。

在后来的表彰大会上,人们问她,在那千钧一发之际,怎么能够想到这样做呢?这位女实验员只是淡淡地一笑,说道:"当我们在上小学的时候，就已经学过了这篇课文，我只不过是重复地做一遍罢了。"

这个女实验员用了一个最简单的办法来避免了一场灾难。《司马光砸缸》我们都学过，砸缸救人，关键在于舍缸，破缸求命。

但多数人的思维都想得，而不是先想到舍。殊不知，舍弃有时也是一种智慧。舍放前得放后，最终是小舍小得、大舍大得、不舍不得。

其实这个"缸"就可以看作我们的惯性思维，很多时候我们对机会视而不见，只因我们被思维束缚住了。这个时候唯有打破，才能放飞我们的思维，进入一个新天地。

大家都知道，广告、广告，广而告之。平面广告得有内容、广播广告得有声音、电视广告都有画面。这是所有人的惯性思维。但是巴黎一银行新开业，想迅速打开知名度，在电台做广告。一般做法是宣传一下，搞个大促销，或者请个名人推广。但他们没有采用其他银行开张宣传使用的方法。要想快速获得知名度，就得出位，明显的差异化才会赢得关注。

于是他们买断巴黎各电台的黄金时段10秒钟，向人们提供沉默时间，他是这样宣传的："听众朋友，从现在开始播放由本市国际银行向您提供的沉默时间。"然后整个纽约所有电台都沉默，听众被这莫名其妙的10秒钟激起了兴趣，纷纷开始讨论。各大媒体也争相报道，成了热门话题。

这家银行彻底打破了惯性思维,告诉了世人,谁说广播广告非得在那大费口舌。这个沉默时间以自己的不说话唤起所有人说话。

一天凌晨,一位游客推着一辆装满稻草的手推车来到了两国之间的边境。边防哨兵疑心顿起:对稻草是不需要征税的,但是稻草下面到底是什么?这位哨兵仔细地对手推车中的稻草进行了搜查,但是一无所获。哨兵非常疑惑,亦感到很恼火,但是他给这位游客放行了。

第二天这位游客又来了,还是推着一辆手推车,这次里面装满粪肥,粪肥也是不需要交税的商品。这位哨兵认为,他这次可看穿了这位旅行者的鬼把戏。对稻草进行搜查是没有什么问题的,但是粪肥会使得这位哨兵的手臭不可闻。但是,哨兵知道他的职责。他找来一把小铲,仔细检查了臭烘烘的手推车,还是没有发现什么走私品。

每天,当太阳刚刚升到海关对面建筑顶端的时候,同样的场景就会发生。有一次手推车中是碎木屑,另外一次是砾石,后来又是粪肥。每次搜查已经变成了友好的例行公事。

"我知道你一定在走私什么东西,我会找到的。"哨兵咧开嘴笑着对这位游客说。

"这么多次了,你已经知道我是一个很诚实的人。"这位游客这样答道。游客是位乐观派,在搜查过程中,他和哨兵会一起谈论前一天发生的事情：谁欺骗了谁、有关国家领导人的最新谣传以及现在已经被关在当地监狱中的走私犯的走私伎俩。

"我不希望那种事情发生在你身上。"边防哨兵说道。

"一个诚实的人没有什么可害怕的。"这位游客答道。

就这样过了一年多。突然有一天那位游客在日出之时没有来到边境，并且再也没有出现过。

十几年之后，哨兵和游客都已经开始了完全不同的生活，他们在一个酒馆中不期而遇了。于是哨兵问那位游客，希望他能解答一下多年以来一直困扰他的一个问题。"我多年以前就离开海关了。我为政府尽心尽责地工作。我知道你当时在走私什么东西。你一定是在走私什么东西。"他说道，"都这么多年的老交情了，告诉我好吗？"

"是手推车。"

……

在残酷的市场竞争中杀出一条成功之路，对于很多人来说，其中的残酷与艰难足以令人望而却步，但是打破常规，不走寻常路则可以令你事半功倍。

总之，在变化速度不断加快的年代，不仅要关注和追赶变化的步伐，更要鼓励使用创新的方法，使自己变得更快、更好。这个年代永远是创新的企业能走在前端、创新的个人更易于进入公众的视野获得更多的机会。

第十章

你所谓的稳定,不过是被出局

　　一个年长的朋友自从青藏铁路通车后就计划和妻子坐火车去一趟西藏。每一年,他都对妻子说,再等一年,我们就去西藏,就凭我这身板,喜马拉雅山即便爬不到顶也能爬到半山腰。

　　可就是这年体检,他被查出患有肺癌,且是晚期。

　　他对妻子说,对不起,没法陪你去了,我的身体看来是等不及了。

　　我们总是在为自己的拖延和懈怠寻找理由,我们总是有本事把自己的行为无原则地合理化,却不曾想到,光阴就是这么溜走的,机会就是这么跑掉的。

　　而青春,经常是没等我们为它写好一篇悼词就已经绝尘而去——

　　我们常常在考虑青春是什么,却不知道青春在我们考虑的时候就偷偷溜走了。

我们常常在顾虑梦想是什么,却不知道现在不去追梦,这辈子就再也没机会了。

活出真正的自己,把眼前的事情做好,这就已经对生命负起了责任。凡事要抓紧,今天的问题今天就要解决,不要拖到明天,把握现在,才有可能展望未来！现在就是永远,青春不去勇敢地追梦,什么时候再去追梦？

把你的幼稚难过,把你的孤单寂寞,把你的美好的不美好的,把那些关于年轻而又无知的一切都毫无保留地给在青春里陪着你的人吧。然后跟那些陪着你的人,带着最后的一丝勇气和任性,以及那千疮百孔的梦想,一起在这疯狂世界努力地走下去。

1.从你的安全区里走出来

美国比彻在《出自普利茅斯道坛箴言》中说道："当一个国家的青年人都因循守旧时,它的丧钟便已经敲响了。"这就是安于现状导致的严重后果。

其实，人要活下去是严峻的，那么既然走上了人生这条路，注定我们就要一味地追求下去。而安于现状恰恰是我们人生中最大的敌人，安于现状使人产生恐惧心理，安于现状让人失去对生活的勇气和信心。

机会对每个人都是公平的，之所以有平庸的人，是因为他们满足现在的生活，同时机会降临时他们也不去把握，好位置就只好让他人捷足先登，他们不想去竞争，优势最终会被劣势所取代；而那些成功的人绝不会找这样的借口，他们不等待机会，不安于现状，也不向亲友哀求，而是靠自己的苦干努力去创造机会，他们深知，唯有自己才能给自己创造机会，发挥出优势，才不会让优势变成劣势。

在某次战斗胜利后，有人问成吉思汗，是否等到机会来临后，再去进攻另一个城市，成吉思汗听了这话，竟大发雷霆，他说："机会，机会是靠我们自己创造出来的。""创造机会"，便是成吉思汗之所以伟大的原因。因此，唯有去创造机会的人，才能建立轰轰烈烈的丰功伟业。

美国康奈尔大学的生物学教授做了一个著名的试验叫作煮青蛙。

试验是这样的：先把一只青蛙丢进煮沸的水中，由于青蛙反应灵敏，在千钧一发之际，它用尽全身力气跳出水锅，安全地逃生了。

30分钟后，教授们又使用一个同样大小的铁锅，不同的是这次在锅里先放满了冷水，然后把那只曾经死里逃生的青蛙再放进去，这只青蛙在锅里并没有像第一次那样跳出来，而是欢快地表演着它的游泳技巧。接着，他们不断地将水加热，这只青蛙是不会知道大祸降临的，依然在水中自由自在地游来游去，当它感到情形不对时，为时已晚，它欲跃乏力，全身瘫软，只好呆呆地躺在水里，最后终于翻起了白肚皮——死了。

由上面的这个试验可以看出安于现状是非常可怕的，缺乏危机意识，等于是对自己的生命不负责任。不管你扮演什么角色，不管你现在多么成功，也不管你现在所处的环境多么舒适，都必须主动改变自己，以应对环境的恶化。

如果人安于现状，孔子也许只能是鲁国一个管理钱库财粮的小官，不会成为一个受万人推崇的"圣人"；如果人安于现状，毛泽东也许就只能是北京大学的图书管理员，不会引导中国革命走向胜利，不会成为开国元勋。

安于现状，会觉得生活一路平坦，道路平坦了，心思就不会在高远的目标上。不安于现状，多些不安分的想法，在崎岖道路上行走，才能磨炼一个人的心志！心志才是成功的关键。

不安于现状，多一些生活的经历，才能经得住风雨的考验！才能让生活多姿多彩。安于现状就会把自己的优势变成劣势，"不安于现状"则是最有智慧的做法，它让你将眼光放远，注视未来，而不再是仅仅局限于当前的状况。

有这样一件真实的事情，一位摩洛哥裔的富豪，由于他的故乡很贫困，因此他每年都要给自己故乡捐很大一笔钱，帮助家乡的一些人过着无忧无虑的生活。这样一直持续了十几年，摩洛哥国王为了表彰他的贡献决定给那位富豪颁发国家勋章，但是那位富豪拒绝了这项国家最高荣誉，而且从那以后他再也没有为家乡捐过款。是什么原因让他这样拒绝呢？其实原因很简单，一次这位富豪出去旅游，在海滩上发现渔民在卖螃蟹，这些螃蟹可不是一般的螃蟹，它足足有盘子那么大，他发现这种螃蟹与他以前见过的一种小螃蟹很像，就问渔民这种螃蟹的名字，令他惊讶的是，那居然是同一种螃蟹，可是他见到的那种螃蟹都只有拇指大小。原来这种螃蟹一般出生在海边的浅湾里，每次海潮来的时候都会带来一点食物，然而由于食物稀少，螃蟹只能长到拇指那么大。但是如果气候变化，浅湾干涸的时候，螃蟹就不得不奋力游向深海，那里有充足的食物，螃蟹就可以长到盘子那么大。

　　没有危机才是最大的危机，安于现状是最大的陷阱，还会让自己丧失自信心。只要你不安于现状，相信你会在变化中走出陷阱，走向向往的天堂。

　　每个人都有一定的安全区，你想跨越自己目前的成就，就不要划地自限。只有勇于接受挑战充实自我，你才会超越自己，发展得比想象中更好。

有个生活非常潦倒的销售员，每天都埋怨自己"怀才不遇"，命运在捉弄他。圣诞节前夕，家家户户张灯结彩，充满佳节的热闹气氛。他坐在公园的一张椅子上，开始回顾往事。去年的今天，他孤单一人，以酗酒度过了他的圣诞节，没有新衣，也没有新鞋子，更甭谈新车子、新屋子了。

　　"唉！今年我又要穿着这双旧鞋子度过圣诞了！"说着准备脱掉穿着的旧鞋子。

　　这个时候，他看见一个年轻人自己滑着轮椅走过，他立即顿悟：

　　"我有鞋子穿是多么幸福！他连穿鞋子的机会都没有啊！"

　　经过这次顿悟，这位推销员蜕掉了自己萎靡不振的一层皮，从此脱胎换骨，发愤图强，力争上游。不久，他就因为销售成绩显著而多次得到加薪。最后，他又开办了自己的销售公司，并最终成为一名百万富翁。

　　面对挫折，面对沮丧，我们需要坚持。看不见光明、希望，却仍然孤独、坚韧地奋斗着，这才是成功者的素质。只有这样，我们才能超越自己，成就自己。

　　爱迪生研究电灯时，工作难度出乎意料的大，1600种材料被他制作成各种形状，用作灯丝，效果都不理想，要么寿命太短，要么成本太高，要么太脆弱，工人难以把它装进灯泡。全世界都在等待他的成果。半年后人们失去耐心了，纽约《先驱报》说:"爱迪生的失败现在已经完全证实,这个感情冲动的家伙从去年秋天就开始电灯研究,他以为这是一个完全新颖的问题,他自信已经获得别人没有想到的用电发光的办法。可是,纽约的著名电学家们都相信,爱迪生的路走错了。"爱迪生不为所动,继续着自己的试验。英国皇家邮政部的电机师普利斯在公开演讲中质疑爱迪生,他认为把电流分到千家万户,还用电表来计量,是一种幻想。爱迪生没有放弃,继续摸索,人们还在用煤气灯照明。煤气公司竭力说服人们:爱迪生是个吹牛不上税的大骗子。就连很多正统的科学家都认为他在想入非非,有人说:"不管爱迪生有多少电灯,只要有一只寿命超过20分钟,我情愿付100美元,有多少买多少。"有人说:"这样的灯,即使弄出来,我们也用不起。"爱迪生毫不动摇。在进行这项研究一年之后,他终于造出了能够持续照明45小时的电灯,完成了对自己的超越。

经过自己的坚持和努力,爱迪生不但促成了自己的蜕变,牢牢树立了自己在世人心目中伟大的发明家地位,而且促成了人类生活方式的一次大变迁。正是因为有了他的这项发明,人类才真正进入了电气时代。

2.激情不是一个空洞的名词

财富是激情之果，激情是财富创造之泉。不管是创新的冲动，还是敏锐的前瞻，抑或是执着的守望，都在直接或间接地创造社会财富。激情，是一种力量。

肯德基创始人桑德斯上校65岁开始创业，麦当劳的创始人雷·克罗克曾说："工作之于生活，犹如牛肉之于汉堡。"由此看来，开创事业，成就人生，都离不开激情。

有激情不一定能成功，但没有激情，则干什么事情都很难成功。

事实证明，一个缺乏激情的人，他的工作只能是消极被动的，干什么都感到厌倦、劳累。而一个有激情的人，无论他从事什么工作，都会认为自己所从事的是世界上最神圣、最崇高的职业，因而能够积极主动、充满热情地工作，最终获得成功。

1907年，法兰克刚转入职业棒球队不久，就遭到有生以来最大的打击——他被淘汰了。因为他的动作迟缓，缺少杀伤力，因此球队经理不得不劝他离开。经理对他说："你这副有气无力的样子，哪像是在球场打了20年的人？法兰克，离开这里之后，无论你到哪里做任何事，要是不提起精神来，你将永远不会有出路。"

法兰克被辞退后，一位名叫丁尼·密亨的老队员把他介绍到新英格兰。在那里，法兰克的月薪只有25美元，而过去他的月薪是175美元。不过，法兰克并不气馁，他决心在新英格兰实现一个重要的人生转变。在那个地方，没有人知道他的过去，法兰克默默发誓要成为新英格兰最具激情的球员。为了实现这个愿望，他果断采取了行动。

　　法兰克第一次上场，就好像全身带电一样。他强力地投出高速球，使接球的人双手都麻木了。有一次，法兰克以强烈的气势冲入三垒，那位三垒手吓呆了，结果球被漏接，法兰克盗垒成功了。当时气温高达39℃，法兰克在球场奔来跑去，在大家强烈的支持下，他挺住了。

　　这种激情所带来的结果，真令人吃惊。第二天早晨，法兰克读报的时候兴奋极了。报上说：那位新加入的球员法兰克，像是一个霹雳手，全队的人受到他的影响，都充满了活力。他们不但赢了，而且是本季最精彩的一场赢球。

　　由于拥有激情，法兰克的月薪由原来的25美元提高到185美元。

　　在往后的两年里，法兰克一直担任三垒手，月薪最终加到750美元。究其原因，法兰克自己说："因为我拥有了激情，没有别的原因。"

　　后来，法兰克的手臂受了伤，不得不放弃打棒球。他来到菲特列人寿保险公司当保险员。整整一年多，他没有取得任何成绩，因此很苦闷。后来一个朋友对他说："为什么不像打棒球那样做保险呢？"

一句话让法兰克如梦初醒。于是，他将在新英格兰打球的精神发挥出来，满腔热情地投入工作，于是一切又发生了改变。再后来，法兰克成了人寿保险界的明星。不但有人请他撰稿，还有人请他演讲，介绍自己的经验。法兰克说："我从事推销已经15年了。我见到许多人，由于对工作充满激情，他们的收入成倍增加；我也见到另一些人，由于缺乏激情而走投无路。我深信，唯有激情才是成功最重要的因素。"

我们正置身于一个应该大有作为的时代。生在这样的时代，我们应该庆幸自己有很多机会。当然，在我们前进的道路上还有困难和挑战。

同样是面临难题，激情的勇者想的是如何设法化解，畏难者想的则是如何一停二看三回避。一样的难题，一样的挑战，却有着不同的态度，这样不同的思想境界，必然带来不同的发展局面。只要始终保持一股激情勃勃之气，便总是有着追赶、超越的机会；反之，则会错失发展的良机。当然，这种激情并不等于头脑发热、盲目决策，更不等于随心所欲、为所欲为。而是心要热，头要冷，步子要稳。只有这样，才能实现又好又快地发展。

激情是人生的灵魂，是成功的基石，甚至比能力更重要。激情提供动力，犹如"火车头"；激情加快速度，如同"催化剂"。有激情的人目标明确，能摆正个人同社会、同他人的关系，富有责任感和敬业精神，始终对工作充满信心，对前途充满信心。

激情也是乐观自信的表现。激情体现出一种积极的人生态度，一种不畏困难、坚持勇毅的工作精神。在现实生活中，每个人都可能遇到困难和挫折。消极地抱怨、逃避，是可怜的、可笑的，积极的态度是充满激情、微笑着去面对。而每一次的困难和坎坷，都是对我们的意志和激情的最好磨砺和考验。

3.世界这么大，我要去漂漂

越来越多的年轻人为了梦想而离家远行，北上南下寻找人生方向，于是有了"北漂"，有了"港漂"。每一个漂泊者，都有自己的故事，或许充满荣光，或许饱含辛酸，或许平平淡淡。但无论结局如何，他们都很少后悔自己的选择。

天天宅在家里打游戏上网聊天，或者守着一份撑不着饿不死的工作享受安逸，不如趁年轻出去闯一闯。人生最痛苦的就是后悔当年不曾为了梦想而勇敢的闯荡，最遗憾的便是不曾为了未来注满热血，放手一搏。年轻，最需要的就是一个人过一段沉默而执拗的日子，沉浸在充满力量的奋斗和努力中。对年轻来说，磨砺才叫生活。

新东方创始人俞敏洪曾经这样说道："我发现成功人士都有

一个特质，就是不安分，敢于闯荡。比如我父辈当中的很多成功者，都是随着改革开放放弃了原来的铁饭碗，只身闯荡江湖的。但这绝对不是什么'懂得放弃'的精神，而是因为他们不安分，不满足于眼前安稳的现状，我就遗传了这样的不安分基因。"

他还说："我不喜欢按部就班的生活，安逸让我心里不安分。其实北大已经给了我很大的自由，因为一周上课才八小时，这之外就全是你的时间。每个月的奖金和工资还照拿，基本就是挺安逸的。要按这个走下去就是一个挺安定的生活。但后来我又想这也不太符合我的个性。因为我在外面尝到了甜头，看到我在外面一个月可以拿到北大十个月的工资，这样心里就不安分了。"

就这样，从北京大学辞职的俞敏洪顶着寒风，冒着烈日，骑着自行车在北京的大街小巷里贴小广告，在一座漏风的违章建筑里，创办起了新东方英语培训学校。

后来，新东方成功登陆美国主板证券市场，俞敏洪身价在一夜之间飙升至2.42亿美元，成为中国有史以来最富有的教师。

很多人都喜欢讨论比尔·盖茨、乔布斯等一干人的成功之道，抛开技术层面和营销方面不谈，从本质上说，他们两个都是不安分的人，都曾趁着年轻出来闯荡社会，"想给这个世界带来点新的东西"，只因为这样他们才会在尚未兴起的个人电脑上作出巨大贡献，两个人连大学都不上完就敢于创业了，有多少人能做到这一点？一个循规蹈矩、"安分守己"的人，绝对不会为冒险付出任何代价。宅在家里的人不会想到另辟蹊径，单独开辟一条道路。

我们应该知道，风险与机遇并存，机遇与风险同在。年轻时，如果总是怕失败，怕风浪，宅在家里，永远也不会碰见机遇。闻名世界的石油大王洛克菲勒就是在风险中抓住机遇的。

在美国南北战争前，时局动荡不安，各种令人不安的消息不断传出。人们都在忙着自己安排自己身边的事情，忙着安排自己的家庭和财产。洛克菲勒却在思考，如何从战争中获取附加利益。他想：战争会使食品和资源匮乏，会使得交通中断，使得商品市场价格急剧波动。他想：这不是金光灿烂的黄金屋吗？走进去，一定满载而归！

那时候，洛克菲勒仅有一家4000美元的经纪公司，他决定豁出一切去拼一下！在没有任何抵押的情况下，洛克菲勒用他的设想打动了一家银行的总裁，筹到了一笔资金。然后，他便开始了走南闯北的生意之路。一切都如他预想的那样，第四年，他的经纪公司的利润已经高达一万多美元，是预付资产的4倍。在第一笔生意结账后不到半月，南北战争爆发了，紧接着，农产品价格又上升了好几倍。洛克菲勒所有的储备都为他带来了巨额利润，他的财富就像滚雪球一样越滚越大。

经过这件事，洛克菲勒记住了一个秘诀：机遇就在于动荡之中，关键在于敢于投身进去拼搏闯荡。

有人说："趁着年轻出去闯一闯吧，世界上最悲惨的事情莫过于年轻人总安于现状地宅在家里不思进取。"满足于平庸生活的人是可悲的,当一个人满足于现有的生活时,他就已经开始退化了。敢于闯荡的人总会发现一些新的东西,或者说创造一些新的东西,并且他们总能想到别人想不到的地方,敢为天下先,这是成功的必要精神。

宅在家里的生活可能会很舒适,舒适的诱惑和对困难的恐惧确实征服了不少人,但年轻就是用来闯荡的,用青春去享福,是一种罪过,因为老了的时候,再想去闯,就闯不动了,"再不疯狂就老了"。

4.你真的以为青春很长吗？

在我们的一生中,时间是有限的,也是这个世界上唯一可以称得上完全公平的事物,因为每个人的每一天都是在相同的时间中度过的。所以我们要用有限的时间争取获得更多的东西,这也是一些人获得成功的诀窍。

每个人都应该给自己算一笔时间账,自己在某方面花费了,或即将花费多长时间,将获得什么样的收益。这种收益可以是快乐、金钱、名誉、自我价值等。

而很多年轻人在时间花费上的特点,往往是以得到享乐为目的。他们把大把的时间消费在享乐上，而忽视了其他应得到的。这种时间消费的失衡必然会影响他们今后的生活。

这些人其实是可悲的。他们眼睁睁地看着啤酒、游戏、小说、肥皂剧等强行换走了自己的时间和青春，却不加以阻挡，还感觉"很酷""很刺激""很舒服"。等到了三十多岁，发现同龄人用他们的青春时光换取到大量的财富而自己却一无所有时，才后悔莫及；而当他们想奋起直追，却发现自己已经不是原来那个精力旺盛的年轻人，很多事做起来已经力不从心。

年轻，应该是拼搏的资本，而不应该是懒惰的借口。年轻，是人生最灿烂的岁月，你可以骄傲地对所有人喊"我有青春我怕谁"。仗着自己年轻，还有大把的时间去打拼，不用急于一时，于是，你把玩乐放在了第一位。而挥霍之后却是流泪，因为你开始后悔自己曾"年少轻狂"。没有人会永远年轻，青春时刻都在流失。

一个人如果年轻的时候没有为将来的生活留下点什么，那么他将来的日子一定会过得很艰难。

　　章明毕业后，几次应聘失败，一下子打消了他的热情，他变得沮丧起来。后来，他索性把简历撕了，懒得再去找工作，在家看碟、玩游戏。

　　家人每次催他继续找工作，他总是说："急什么！我才刚毕业呢！"家人以为他压力太大，也就不再催他。可是，两个月后，他仍然没有找工作的迹象，整天在家玩游戏，变成了足不出户、名副其实的"宅男"。家人一再告诫他:"玩物丧志,趁着刚出校门的一腔热情,找个工作吧!"他总是敷衍了事。

这个时候,他迷上了"CS"(反恐精英游戏),这个游戏可不是一天两天能玩完的。他玩起来似乎着了魔,除了眼前的敌人和城墙,什么也看不见、听不见。每当家人催他,他要么充耳不闻,要么不耐烦:"现在不缺吃、不缺喝担心什么?等我挣了钱会偿还你们的。"

为了逃避父母的追问,章明搬出一大堆的书籍,摆明了不找工作,他决定要考研。虽然他偶尔也看看书,但更多的时候,是在跟朋友们一起交流游戏心得、喝酒、打牌、看碟。

考试当然没有通过。后来,他觉得考研实在太难,放弃了。日子一天天地流失,他已经习惯了跟气味相投的朋友一起玩。其间,还交了两个女朋友,对方都不明不白地离开了他。他父亲实在着急了,便托人给他找了个临时工的差事,他这才勉强有了份工作。

几年后的一次同学聚会才让章明顿时醒悟过来。这几年时间,大家的变化都很大。以前那个老跟他一起玩的李平是最让人刮目相看的,现在居然在深圳安家立业了;那个带着800度近视眼镜的王强,居然进了公务员的队伍;就连那个最不爱说话、还经常被自己取笑"胆小鬼"的赵冰也在谈着跟人合作做生意的事情。

原来,只有自己还在原地转。在同学们面前,他感到极其自卑,原来的他并不是这样,几年的时间里,怎么就变得谁都不如了？即使他奋起直追，前面消耗掉的几年时间显然也追不回来了，他需要用更多的精力和血汗才能争取到别人几年前就获得的东西。因为他失去时光的同时还失去了其他宝贵的东西——他的热情、意志、专业知识，更糟糕的是，这期间他还养成了懒惰的坏习气。

时间就是一切，它能让我们获得一切，也能让我们失去一切。

看来，我们放走了时间的同时，也就放弃了成功的有利条件。华罗庚说过："成功的人无一不是利用时间的能手！"

很多人之所以成功，是因为他们抓住了这个条件，不仅懂得珍惜时间，而且知道如何管理时间。他们把别人用来喝咖啡、闲逛的时间投入工作中，把别人用来玩游戏、看小说的时间用来思考。

所以，我们要学会利用时间。

（1）不要沉迷于某种娱乐活动或游戏，你以为你在玩游戏，其实是被游戏玩了。

（2）做某件事情前，先预算时间的投入与支出。看时间的消费和最终的收益是否平衡。又费时间又没好处的事不要做。

（3）有效地利用零碎的时间，不要以为干大事就一定需要"整段"的时间，"点滴"时间累积起来同样可以干出大事。

（4）学会统筹时间，同时做几件事情。这样做就是占时间的"便宜"，很划算。但要做好每件事，避免"三心二意"。

（5）重要的时间留给重要的事情。不同的时间段具有不同的效能。恹恹欲睡的时候干不重要的事,精力充沛的时候做重要的事。

(6)时间不可能完全用"尽"。累了就休息,否则,在身体不支持的情况下强行利用时间也是浪费时间,因为身体垮了需要更多的时间去恢复。

5.不要因为小事烦心

人常常被困在有名和无名的忧烦之中,它一旦出现,人生的欢乐便不翼而飞,生活中仿佛再没有了晴朗的天,真是吃饭不香,喝酒没味,干工作没劲,干事业没心,玩没意思。这一切,只因为我们陷入了多余的忧烦之中。

有一条大家都知道的法律上的名言:"法律不会去管那些小事情。"一个人有时偏偏为这些小事忧虑,始终得不到平静。

荷马·克罗伊,是个写过好几本书的作家。以前他写作的时候,常常被纽约公寓暖气片的响声吵得快发疯。蒸汽会砰然作响,然后又是一阵"吡吡"的声音,而他会坐在他的书桌前气得直叫。

"后来,"荷马·克罗伊说,"有一次我和几个朋友一起出去宿营,当我听到木柴烧得很响时,我突然想到:这些声音多像暖气片的响声,为什么我会喜欢这个声音,而讨厌那个声音呢?我回到家以后,跟自己说:'火堆里木头的爆裂声,是一种很好的声音,暖气片的声音也差不多,我该埋头大睡,不去理会这些噪声。'结果,我果然做到了:头几天我还会注意暖气片的声音,可是不久我就把它们整个地忘了。"

"很多其他的小忧虑也是一样,我们不喜欢那些,结果弄得整个人很颓丧。只不过因为我们都夸张了那些小事的重要性⋯⋯"

狄士雷里说过:"生命太短促了,不能再只顾小事。"

"这些话,"安德烈·摩瑞斯在《本周》杂志里说,"曾经帮我捱过很多痛苦的经验。我们常常让自己因为一些小事情、一些应该不屑一顾和忘了的小事情弄得非常心烦⋯⋯我们活在这个世上只有短短的几十年,而我们浪费了很多不可能再补回来的时间,去愁一些在一年之内就会被所有的人忘了的小事。不要这样,让我们把生活只用在值得做的行动和感觉上,去运用伟大的思维,去经历真正的感情,去做必须做的事情。因为生命太短促了,不该再顾及那些小事。"

就像吉布林这样有名的人,有时候也会忘了"生命是这样的短促,不能再顾及小事"。其结果呢?他和他的舅爷打了维尔蒙有史以来最有名的一场官司——这场官司打得有声有色,后来还有一本专辑记载着,书的名字是《吉布林在维尔蒙的领地》。

故事的经过情形是这样子的：吉布林娶了一个维尔蒙地方的女孩子凯洛琳·巴里斯特，在维尔蒙的布拉陀布罗造了一间很漂亮的房子，在那里定居下来，准备度他的余生。他的舅爷比提·巴里斯特成了吉布林最好的朋友，他们两个在一起工作，在一起游戏。

然后，吉布林从巴里斯特手里买了一点地，事先协议好巴里斯特可以每一季在那块地上割草。有一天，巴里斯特发现吉布林在那片草地上开了一个花园，他生起气来，暴跳如雷，吉布林也反唇相讥，弄得维尔蒙绿山上的天都变黑了。

几天之后，吉布林骑着他的脚踏车出去玩的时候，他的舅爷突然驾着一部马车从路的那边转了过来，逼得吉布林跌下了车子。而吉布林这个曾经写过"众人皆醉，你应独醒"的人，却也昏了头，告到官里去，把巴里斯特抓了起来。接下去是一场很热闹的官司，大城市里的记者都挤到这个小镇上来。新闻传遍了全世界。事情没办法解决。这次争吵使得吉布林和他的妻子永远离开了他们在美国的家，这一切的忧虑和争吵，只不过为了一件很小的事：一车子干草。

平锐克里斯在2400年前说过："来吧，各位！我们在小事情上耽搁得太久了。"一点也不错，我们的确是这样子的。

下面是傅斯狄克博士所说过的故事里最有意思的一个——

是有关森林里的一个巨人在战争中怎么样得胜、怎么样失败的故事。

"在科罗拉多州长山的山坡上,躺着一棵大树的残躯。自然学家告诉我们,它曾经有400多年的历史。初发芽的时候,哥伦布刚在美洲登陆;第一批移民到美国来的时候,它才长了一半大。在它漫长的生命里,曾经被闪电击过14次;400年来,无数的狂风暴雨侵袭过它。它都能战胜它们。但是在最后,一小队甲虫攻击这棵树,使它倒在地上。那些甲虫从根部往里面咬,渐渐伤了树的元气。虽然它们很小、但持续不断地攻击。这样一个森林里的巨人,岁月不曾使它枯萎,闪电不曾将它击倒,狂风暴雨没有伤着它,却因一小队可以用大拇指跟食指就捏死的小甲虫而终于倒了下来。

我们岂不都像森林中的那棵身经百战的大树吗?我们也经历过生命中无数狂风暴雨和闪电的打击,但都撑过来了。可是却会让我们的心被忧虑的小甲虫咬噬——那些用大拇指跟食指就可以捏死的小甲虫。

要想解除忧虑与烦恼,记住规则:"不要让自己因为一些小事烦心。"

6.洗衣机里已经塞不下你的脏衣服了

元代陶宗仪写了本名叫《南村辍耕录》的书,书里有个"寒号虫"的故事,讲的是"五台山有鸟,名寒号虫。四足,肉翅,不能飞,其粪即五灵脂。当盛暑时,文采绚烂,乃自鸣曰:凤凰不如我。比至深冬严寒之际,毛羽脱落,索然如毂雏。遂自鸣曰:得过且过"。

这个小故事后来被改编成了一篇名叫《寒号鸟》的小学课文,我们每一个人都曾经学习过。文章的大意是:寒号鸟的邻居喜鹊好心劝寒号鸟趁着天气暖和赶紧筑窝,寒号鸟却总推辞道:"天气这么好,正好睡觉。"当晚上寒风吹来,寒号鸟又冻得直后悔:"寒风冻死我,明天就垒窝。"最后寒号鸟没能顶过寒冬,被活活冻死,比《南村辍耕录》中的原版故事还要凄惨。

寒号鸟是不是像极了拖延成性的人? 他们总是认为自己的时间还很多,经得起折腾,可以无限制地拖延下去……"明天开始"是寒号鸟的口头禅;寒号鸟害怕失败、害怕被别人评判所以极端自卑或自负,自比凤凰更是家常便饭;完美主义流淌在寒号鸟的血液里,寒号鸟信奉"要么不做、要么第一"的做事原则;寒号鸟期待一步登天、鸟瞰全局,做起事来却常常一曝十寒;事后寒号鸟总是充满悔意,并狠狠地责备和惩罚自己;可是一而再、再而三的挫折让寒号鸟最终不得不承认自己"肉翅,不能飞"的现实。最后,寒号鸟沦为"得过且过"之辈,在寒冬里不时发出抱怨的哀号。

回忆一下你的生活：

星期一早晨，你又为起床感到费劲，你觉得这对你来说太困难了；

你的洗衣机里已经塞不下你的脏衣服了；

你明知道你染上了一些恶习例如抽烟、喝酒，而又不愿改掉，你常常跟自己说："我要是愿意的话，肯定可以戒掉。"

老板布置的工作，你觉得可能做不完，或是今天太疲劳了，不如明天早上来了再做，那时可能精神更好；每当接受新的工作时，你总是感到身体疲惫；

你想做点体力活，如打扫房间、清理门窗、修剪草坪等，可是你却迟迟没有行动，你总有各种各样的原因不去做，诸如工作繁忙、身体很累、要看电视等；

你曾经由于迟迟不敢表白，而让心爱的女子成了别人的妻子。自己总是暗暗伤怀；

你希望一辈子住在一个地方。你不愿意搬走，新的环境会让你头疼；

总是制订健身计划，可你从不付诸行动，"我该跑步了……，从下周一开始"。

你答应要带你的宝贝去公园玩，可是一个月过去了，由于各种原因，你还是没有履行诺言，你的孩子对你已经失望至极；

你很羡慕朋友们去海边旅行，你自己也有能力去，但总是因为这样那样的借口而一拖再拖……

对于喜欢拖延的人来说，常把"或许""希望""但愿"作为心理支撑的系统。而所谓的"希望""但愿"在成功者眼中简直是童话故事，浪费时间的借口俯拾即是。无论你如何"希望"或是"但愿"，很显然，你只不过在为自己的拖延寻找借口罢了。我们常常会听到：

"我希望问题会得到解决"

"但愿情况会好一些"

"或许明天会比较顺利"

……

事实上，情况会有所好转吗？你依旧是给自己找逃避痛苦的借口罢了。你这是在欺骗自己，不要再煞费苦心地寻找拖延的理由了，要知道，生命对于我们而言总是有限的。

鲁迅说过：浪费别人的时间等于谋财害命，浪费自己的时间等于慢性自杀。

有人把人生比作列车，与生活中列车不同的是，它没有返回的可能。时间也一样，如果把时间比作蜡烛，那么走过的时间就是燃掉的烛火，难以回头再燃一次，这是时间的特性。那么，你所能做的是什么呢？肯定不是拖延时间浪费自己宝贵的生命吧。

当一个人哇哇坠地的那一时刻，生命的时钟便已敲响，以后的每一分每一秒都将记录着生命的历程。著名的科学家富兰克林说过："你热爱生命吗？那么别浪费时间，因为时间是组成生命的材料。"任何知识都要在时间当中获得，任何工作都要在时间中进行，任何才智都要在时间中显现，任何财富都要在时间中创造。珍惜时间就是在珍惜生命，只有这样，你的生命长河才会散发出光芒。

时间对于不同的人，意味着不同的结果。对商人，时间意味着金钱；对科学家，时间意味着知识与探索；对农民，时间意味着收成与丰收；对于我们个人来说，时间意味着成功与希望。

两次获得诺贝尔奖的居里夫人，从小就养成了珍惜时间的习惯。在她的青年时期，为了不让煮饭占去学习时间，她经常吃面包、喝冷开水。著名的数学家华罗庚，为了珍惜时间，小时候在一家小店当伙计的时候，就一边当学徒，一边抓紧时间自学数学，终于成为名闻中外的大数学家。还有大家熟知的张海迪，身残志坚，即使躺在病床上，还要坚持完成每天的学习任务，以顽强的毅力自学成才，获得哲学硕士学位，创作翻译了不少文学作品……时间让他们的生命闪耀着灿烂的光辉。

古今中外，像他们这样珍惜时间、珍惜生命的名人还有很多。因为他们知道：当时间与生命紧密相连的时候，时间的价值是无法估量的。珍惜生命的每一分每一秒，去学习，去创造，去攀登，让有限的生命发挥出无限的价值。

莎士比亚说过："时间的无声的脚步，是不会因为我们有许多事情要处理而稍停片刻的。"2000多年前，孔夫子也曾望"河"兴叹："逝者如斯夫，不舍昼夜。"时间在你洗手的时候，从水盆里过去；在你吃饭的时候，从饭碗里过去；在你默默的时候，时间便从你凝然的双眼前悄然而流失。时间是无法蓄积的，当你伸出双手去遮挽时，它会从你的遮挽着的手边过去，即使你为此而叹息，它也会在你的叹息里闪过。

7.对什么都三分钟热度怎么办？

对于很多以"兴趣"为主的人来说，他们通常都有着率性而为的习惯：很多时候，他们想到什么事就会立刻动手去做，从来不会衡量孰轻孰重，造成了做事情三分钟热度。

小米从小到大的志愿总是不停地改变。小学时，想当一个又帅又酷的运动员，便参加校内田径队选拔，侥幸通过了，却因为每天必须比别人早半个小时到学校训练而放弃退出。对他来说，还是多赖床一下比较实际。

初中时的英文老师年轻又美丽，激发了他学英文的兴趣，更发出当外交官的豪言壮语。但随着越来越多的单词和短语要掌握，还有玩乐与同伴的诱惑，他连英文发音都变得有那么一点汉语味，更别说搞懂似乎永无止境的时态变化了。

高中的时候更不得了。小米想开一间位于海边的浪漫咖啡厅；再后来是正义化身的律师，还有画家、音乐家、医生等各行各业,他全在脑子里从事了一遍。小米常常同时展开多项兴趣与学习,周一熬夜练吉他和弦,周三却决定改练萨克斯风的指法,因为练吉他让他手指头痛得睡不好。

上了大学以后,小米被一堆科系搞得眼花缭乱。最开始,他选择了化学系,但发现一堆方程式和原文书真是要了他的命。接着,他转系读了商学院,但又觉得枯燥乏味。最后,小米决定休学工作了,因为他觉得与其待在学校学一堆没有用的知识,不如早点步入社会,早点赚钱养活自己还比较实际。

小米的工作换过一个又一个。上班族要看老板脸色,有时同事又难相处。服务业要看客人脸色,赚的钱又不是自己的,不如自己做老板。自己当了老板后,才发现生意难做,要管的事情又多又繁琐。没过多久,小米发现当老板一点儿都不容易。于是,他又将店铺顶让给别人,草草结束了经营。

午夜梦回,小米回想自己的过去,发现"坚持"一直都是自己所欠缺的。他对于任何事情总是仅仅保持着三分钟热度,遇到困难就退缩,因此,才会到现在还一事无成。

很多人只要在做这件事情的过程中遇到任何的阻碍,或是需要花费大量时间、精力去解决的问题,他们就会懒惰起来,有些人甚至会干脆放弃,另外找一个"更有兴趣"的事情去重新开始。

大多时候,我们的工作或所就读的专业并不是我们真正"有兴趣"的事,因此,除了正职以外,每个人都会有自己的兴趣,也就是休闲生活。

有些人觉得兴趣就是休闲，只在想到的时候从事这项活动，而这样的人往往会一个兴趣换一个兴趣。他们有时候打保龄球，有时候练习高尔夫，而大多时候，他们只是窝在家里的沙发上看电视里的运动赛事转播。这类人对于所有的兴趣都略知一二，却无一专精。

或许，有些人会认为"这只是兴趣而已，干嘛要这么认真？"但我们必须知道在培养兴趣专精度的同时，也是在训练自己在工作或学业上的专精度。

相信你遇到过许多成功的人，他们专注于兴趣，并以此为乐，甚至在这项兴趣上的成就已经超越了自己的正职工作。最后，他们将兴趣化为工作，得到成功的同时也享受了人生的美好。

当然，我们并不是非得在某项兴趣上有成就不可，否则，就会给自己增加过多的压力。我们首先要做的是试着找出自己真正的兴趣，并为自己在这项兴趣上的成就设定一个目标。假如你的兴趣是英文，就为自己设定一个"英语检定考"的目标。

在一开始接触这项兴趣时，应先为自己订立"阶段性目标"。以刚才提到的英文为例，我们先将"考过四级考试"定为阶段性的兴趣目标，当目标达成时，你可以停止这项兴趣，因为届时你可能会发现自己并不是那么想要继续深造下去。那么，完成目标时，你就可以另寻兴趣之所在了。

因此，要改变三分钟热度的懒惰基因，请试着一次只做一件事，并专注于这件事，直到你完成阶段性的目标为止。

培养兴趣，做任何事情时都必须坚持且专注在其中。接着，发掘自己真正的兴趣所在,试着在兴趣上培养专注力,为兴趣制订出阶段性目标,并努力达成这个目标。

我们必须了解,所谓的"一次只做一件事"并不是指"每次只能做一件事",而是"坚持且专心地做一件事"。现今的社会步调快,有很多人的工作或是学业都十分繁忙;但是,还是有些人即使面对再多的事情都能够游刃有余。如果我们仔细观察这些人做事情的态度与方法,就会发现他们在做事情的过程中,总是十分的专注。